EL CHIMPANCÉ
Y LOS ORÍGENES DE LA CULTURA

AUTORES, TEXTOS Y TEMAS
ANTROPOLOGÍA

Colección dirigida por M. Jesús Buxó

2

J. Sabater Pi

EL CHIMPANCÉ
Y LOS ORÍGENES
DE LA CULTURA

3.ª edición

ANTHROPOS
EDITORIAL DEL HOMBRE

El chimpancé y los orígenes de la cultura / Jordi Sabater
Pi. — 3.ª edición corregida y aumentada. — Barcelona :
Anthropos, 1992 — 142 p. : ilustr. ; 20 cm. — (Autores,
Textos y Temas. Antropología ; 2)
Bibliografía p. 121-127. Índice
ISBN 84-7658-356-7

1. Etología I. Título II. Colección
591.5

Primera edición: 1978
Segunda edición, revisada: septiembre 1984
Tercera edición, corregida y aumentada: julio 1992

© J. Sabater Pi, 1978, 1984
© Editorial Anthropos, 1984
Edita: Editorial Anthropos. Promat, S. Coop. Ltda.
  Vía Augusta, 64. 08006 Barcelona
ISBN: 84-7658-356-7
Depósito legal: B. 21.326-1992
Fotocomposición: Seted, S.C.L. Sant Cugat del Vallès
Impresión: Indugraf, S.C.C.L. Badajoz, 147. Barcelona

Impreso en España - *Printed in Spain*

Un chimpancé de los bosques de Gombe (Tanzania) inicia el despiece de un mono *Colobus* que acaba de capturar. El cazador empieza su actividad comiendo el cerebro de la víctima; se trata de una conducta que también es propia de muchos cazadores primitivos africanos. Los chimpancés, al igual que los humanos, pueden practicar en determinadas ocasiones el canibalismo (fotografía gentileza del Dr. Geza Teleki)

Un grupo de chimpancés de la región de Gombe (Tanzania) reunidos ante los despojos de un mono que han cazado proceden a su distribución siguiendo unas normas culturales, muy concretas, que tienden a evitar conductas violentas (fotografía gentileza del Dr. Geza Teleki)

*A los chimpancés,
que tanto han contribuido a mi
conocimiento de la naturaleza*

COMENTARIO A LA TERCERA EDICIÓN

El propósito de esta tercera edición consiste en responder, otra vez, a la favorable aceptación que los lectores han otorgado a las dos anteriores. Anthropos, Editorial del Hombre ha estimado conveniente esta iniciativa, gesto que como autor del libro agradezco sinceramente.

Se trata, sin duda, de la primera obra de divulgación eto-primatológica, en lengua castellana, que menciona algunos de mis descubrimientos que han tenido notable resonancia en el ámbito especializado internacional.

Desde que apareció la primera edición en 1978, la antropología biocultural y una de sus ramas más heurísticas, la primatología, han experimentado un notable desarrollo; los campos de interés de esta joven ciencia interdisciplinaria se han diversificado, centrándose, especialmente, en los estudios de campo en África sin olvidar, tampoco, los de índole experimental.

Conocemos más de 20 expediciones científicas patrocinadas por Universidades y Centros de Investigación del Japón, Estados Unidos, Inglaterra, Alemania, Holanda y Francia —varias de ellas plasmadas en estaciones permanentes en África y Asia— dedicadas al estudio del comportamiento individual y social y, también, de la relación con el entorno natural, de los gorilas, chimpancés, orangutanes y, también, de otros primates siempre en sus biotopos naturales.

En cuanto a este punto debo mencionar la expedición que nuestra Unidad de Etología del Departamento de Psicobiología de la Universidad de Barcelona llevó a cabo, con notable éxito, durante los años 1988-1990 en la región de Lilungu, distrito de Ikela, en el Zaire central, para estudiar la conducta del chimpancé pigmeo o bonobo (*Pan paniscus*). Esta dedicación nos permite formar parte por primera vez, con plenitud, de las naciones que dedican sensibles esfuerzos a esta tan apasionante temática.

La antropología molecular, consecuencia de los nuevos avances verificados en los campos de la bioquímica y la inmunología —algunos de ellos tan fascinantes como es la técnica que permite la determinación y análisis de algunas proteínas que todavía contienen fósiles de varios millones de años— confirma, cada día con mayor seguridad, que la divergencia existente entre los póngidos africanos y los homínidos es muy próxima; se originó seguramente a finales del Mioceno y no tiene más de 5 millones de años. Para confirmar esta aseveración nos permitimos reproducir un fragmento de una carta personal que nos escribió, el 12 de agosto de 1983, el profesor Phillip Tobias, uno de los más prestigiosos paleontólogos humanos: «En una palabra, parece que los homínidos debieron de separarse de los grandes monos en algún momento situado entre 4 y 7 millones de años. Esto se basa en una evidencia indirecta o molecular [...]».

Por otra parte, los recientes descubrimientos paleontológicos del valle de Awash en Etiopía y de Laetoli en Tanzania, al internarse en la «terra incognita» de los 4-5 millones de años, van confirmando estas aseveraciones y patentizan que la diversificación morfológica entre homínidos y póngidos fue realmente tardía y extraordinariamente acelerada a nivel cerebral.

En el siempre espinoso campo de la cultura, algunos de nuestros puntos de vista reseñados en este libro, concretamente nuestra concepción de «áreas culturales de los chimpancés» publicados, por vez primera, en la revista *Primates* de la Universidad de Kyoto (Japón) —artículo titulado: «An Elementary Industry of the Chimpanzees in the Okorobikó Mountains, Rio Muni, West Africa»—, han tenido una favorable aceptación en el campo de la antropología biocultural. El discutido y no menos polémico Edward O. Wilson, en su obra *On Human Nature* —traducida al castellano por el Fondo de Cultura Económica de México—, escribe literalmente refiriéndose a la problemática de la cultura de los chimpancés: «Cada conducta de uso de herramientas registrada en África se limita a ciertas poblaciones de chimpancés, pero tiene una distribución bastante continua dentro de esa área. Este es justamente el patrón esperado si la conducta se difunde culturalmente. Los mapas de uso y fabricación de herramientas estudiadas recientemente por J. Sabater Pi pueden colocarse, sin que llamen la atención, en cualquier capítulo sobre culturas primitivas en un libro de texto de antropología [...]».

Este criterio tiene cada día más adeptos, especialmente en el campo de la investigación centrada en la incidencia de la biología y las ciencias naturales, en las ciencias de la conducta entendidas desde una perspectiva amplia, integradora, holística; precisamente en estos nuevos planteamientos la primatología y la joven antropología biocultural son las disciplinas más receptivas a estos nuevos derroteros científicos.

McGrew y Tutin, conocidos primatólogos ingleses, acaban de descubrir en varias poblaciones de chimpancés de Tanzania, dos conductas culturales claramente diferenciadas, ubicadas en áreas geográficas distintas, perfectamente delimitadas; se trata de la conducta de acicalamiento, que denominan de «mano agarrada», propia de las montañas Mahale, y la conducta de «espalda apoyada», localizada en el área de Gombe.

Un grupo de primatólogos japoneses de la Universidad de Kyoto acaban de descubrir, también en África oriental, conductas de cortejo de los chimpancés, diferenciadas, y hasta involucrando el uso de herramientas, que estiman reúnen los requisitos que la antropología cultural exige a la conducta humana para aceptarla como cultural: innovación, diseminación, estandarización, durabilidad, difusión, tradición, no necesidad para subsistir.

El descubrimiento de nuevas conductas culturales, tanto de índole instrumental o tecnológico como social, en los chimpancés y otros primates superiores, se suceden continuamente, hecho que cuestiona cada vez, con renovado vigor, toda la problemática que gravita alrededor de la unicidad cultural humana.

La conducta nidificadora de los póngidos, que permite a estos grandes monos, al igual que al hombre, dormir en posición supina; la técnica seguida en la confección de los nidos, su ubicación, interdistancias, modificación del entorno, orientación, etc.; las similitudes que estas elementales construcciones guardan con los pocos restos fósiles de habitáculos humanos, posiblemente al aire libre, descubiertos en Tanzania y estudiados por los arqueólogos, permiten constatar, una vez más, el *continuum* existente entre «paracultura» no humana y cultura humana; otro nexo de unión entre póngidos y humanos.

Insistiendo en esta cuestión que tanto nos motiva, publicamos, en colaboración con el Dr. C. Groves de la Australian National University, un extenso y bien documentado artículo en la revista *Man* titulado «From ape's nest to human fix-point», que pretende dar amplia respuesta a esta enigmática conducta plasmada en los nidos de los monos antropomorfos, su evolución y nexo con los primitivos habitáculos humanos en culturas de simple subsistencia.

Considerando la vigencia y siempre fresca actualidad de la temática expuesta en este pequeño libro y la labor perseverante y continua de los investigadores de campo dedicados a estos estudios, esperamos que dentro de pocos años será necesaria una nueva edición que aúne las recientes aportaciones que, sin lugar a dudas, serán abundantes y abrirán, seguramente, nuevos horizontes a esta singular aventura del conocimiento humano que pretende explicar los lazos que nos vinculan con los primates superiores.

J. SABATER PI

PRÓLOGO

El presente trabajo ha nacido de la necesidad de dar a conocer a quienes estén interesados por la antropología cultural y física, la psicología, y, en general, a todos cuantos tengan alguna inquietud por el hombre y los orígenes de la cultura, una visión sucinta, asequible y actualizada de la controvertida problemática que los recientes descubrimientos referentes a las capacidades conductuales del chimpancé vienen provocando en los más diversos campos de las ciencias humanas.

Los póngidos, es decir, el gorila, el chimpancé y el orangután, han tenido, hasta hace pocos años, mala prensa; su parecido morfológico y mayormente conductual con los humanos los hizo incómodos, toda vez que representaban un testimonio biológico que podía hacer tambalear el «edificio científico-emocional» con fuerte raigambre antropocéntrica que impregnaba, hasta hace algunas décadas, todas las ciencias antropológicas.

Desde que en 1896 R.L. Garner intentó, sin éxito, el primer estudio de campo de los gorilas y chimpancés instalándose en el interior de una recia jaula de hierro montada en plena selva del Gabón, al objeto de protegerse de las posibles agresiones de estas «fieras criaturas» (según sus palabras textuales), y que el psicólogo alemán Wolfgang Köhler descubriera en la Estación Experimental de Tenerife, la utilidad del chimpancé para la obtención de modelos explicativos de algunos procesos cognoscitivos del hombre, se ha recorrido un largo y provechoso camino en el conocimiento de esta especie.

El eco de los trabajos de Köhler trascendió pronto a los Estados Unidos, donde otro psicólogo, Robert Yerkes, creó el primer centro dedicado exclusivamente a las investigaciones primatológicas; se trata del Yerkes Regional Primate Research Center que, inicialmente ubicado en Florida, sería trasladado posteriormente a Atlanta (Georgia) bajo el patronazgo de la Universidad de Emory.

Esta institución pionera, consciente de la importancia de los trabajos de campo, envió durante seis meses al África occidental (Guinea francesa) al psicólogo Henry Nissen para estudiar los chimpancés en la naturaleza. En 1931, este autor publicó el primer estudio monográfico, con criterio científico, sobre la ecología y la conducta del chimpancé en estado natural (H.W. Nissen, 1931).

La Segunda Guerra Mundial y los problemas de la postguerra paralizaron todas las investigaciones en curso, que no se reanudaron hasta 1955; a partir de entonces renació con extraordinario empuje el interés científico hacia estos animales.

Leakey, el mundialmente conocido paleontólogo keniano, de padres británicos, consciente de la oportunidad única que brindaba la todavía existencia de gorilas y chimpancés salvajes, lo que permitía confeccionar modelos conductuales no manipulados útiles para explicar procesos evolutivos en el hombre, envió, primero, a la joven investigadora inglesa, Jane Goodall, a estudiar los chimpancés que habitaban las márgenes orientales del lago Tanganika; posteriormente es la americana Dian Fossey la que inició el estudio de los gorilas de montaña en Ruanda (volcanes Virunga).

En esta misma época, Itani, Izawa, Kano, Kortlandt, McGrew, los Reynolds, Teleki, Suzuki y otros, iniciaron también largos trabajos de campo encaminados al conocimiento de los chimpancés del Zaire, Uganda y Tanzania. Jones y el autor de estas líneas estudiaron los chimpancés de Mbini (entonces Río Muni, Guinea española); Hunkeler, Rahm, D. Bournonville y otros, los que viven en Senegal, Costa de Marfil y Ghana.

Mientras tanto, los Centros de Primates se multiplicaron en los países científicamente desarrollados. En estas instituciones se llevaron a cabo intensas investigaciones experimentales, biológicas y psicológicas de los monos en general y, muy especialmente, de los chimpancés: los Gardner, Premack, Rumbaugh, Fouts y otros, estudiaron las capacidades lingüísticas de estos primates; Gallup trabajó en la problemática del esquema corporal; Rensch y Morris sobre su capacidad estética en un contexto global de la biología del arte.

Goodman, Sarich, King y otros, en un campo distinto, estudiaron la biología celular de esta especie; Lang estudió su evolución dietética. La lista de investigadores y la de sus trabajos sería interminable, pero, en todos ellos, está presente un denominador común: la búsqueda de modelos homólogos generalizables a la siempre candente y polémica problemática del hombre, sus orígenes y los de su cultura.

Las investigaciones realizadas durante estos últimos 40 años han dado un vuelco total a la imagen que todos tenemos del chimpancé. Ahora sabemos que su esquema psicológico se asienta sobre unas capacidades que, hasta hace muy poco, las considerábamos exclusivas del hombre. Todo esto merece una profunda reflexión, una reconsideración objetiva de unos valores que siempre se habían considerado inamovibles y, cómo no, debemos aceptarlo como una lección de humildad.

Como colofón me atrevería a decir al lector que todos los animales, pero muy especialmente los póngidos y el chimpancé de manera especial, merecen un serio y consciente respeto. No deberían tolerarse las exhibiciones grotescas de estos animales disfrazados de humanos, ni su explotación comercial sea la que fuere, ni su uso para el trasplante de vísceras o empleo en laboratorios de experimentación clínica, y hasta sería necesario reconsiderar la conveniencia de exhibirlos en los zoos, concretamente en los que lo hacen en condiciones carcelarias y de privación de congéneres.

No dudo que dentro de algunos años seremos juzgados muy severamente por esta conducta que es posible se pretenda parangonar, en cierta manera, con la dispensada, hace menos de 200 años, por los blancos a sus hermanos negros que, como esclavos, vendían, como si de animales se tratara, a los plantadores americanos.

J. SABATER PI

INTRODUCCIÓN

A. Problemática del tema

Ya que el uso y la fabricación de herramientas han sido factores muy importantes en el contexto de la evolución humana, los psicólogos y los antropólogos iniciaron, a principios de este siglo, el estudio de esta problemática en los póngidos, debido a que éstos retienen muchas de las facies comunes a todos los homínidos (veáse figura 1).

Los antropólogos opinan que un amplio conocimiento tanto de la ontogenia como de la filogenia del uso de simples herramientas por los primates superiores, sería una importante contribución al esclarecimiento del origen de la tecnología humana y de la cultura en general a partir de las formas prehomínidas del Mioceno y Plioceno (J. Desmond Clark, 1970).

Los psicólogos, por otra parte, han pensado que esta conducta evidencia alguna forma de inteligencia y de *insight* (comprensión repentina) que podría ayudar a explicar procesos de aprendizaje del tipo «solución de problemas», tanto en humanos como en animales. Como veremos, el

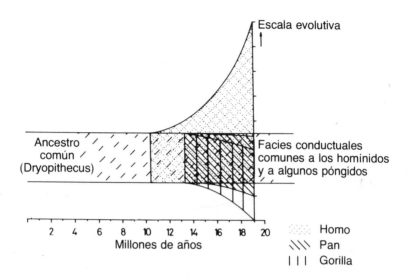

Figura 1. Gráfica explicativa de la posible evolución del esquema conductual común a los homínidos y a algunos póngidos. Este esquema o modelo estaría integrado por siete elementos o facies que seguramente existían ya a nivel de *Dryopithecus*. Hace unos 10 millones de años estas capacidades iniciaron una magnificación en la rama de los homínidos hasta lograr el nivel alcanzado en el hombre moderno. Prácticamente se han mantenido invariables en el chimpancé, quizás con una ligera disminución, y han sufrido, en cambio, una notable reducción en el gorila

uso de herramientas existe en especies ampliamente separadas en la escala filogenética; conocemos invertebrados que las usan, y, en el hombre, esta conducta culmina en su sofisticada tecnología.

Pero dentro de la «estricta» escala zoológica, es en el chimpancé *Pan troglodytes* donde esta actividad adquiere una importancia y trascendencia que sólo es superada por otro primate, el *Homo sapiens*.

Los primeros trabajos referentes a esta temática los llevó a cabo W. Köhler (1925) con chimpancés cautivos. Este psicólogo estudió en la Estación Experimental de Tenerife la conducta inteligente de los chimpancés así como su capacidad para usar simples herramientas.

H.F. Khroustov (1954) investigó también la capacidad de estos primates para fabricar algunos artefactos. En cuanto al estudio de estas capacidades en los chimpancés que viven en la naturaleza, los trabajos se iniciaron bastante más tarde debido a las dificultades que la penetración en sus intrincados, insalubres y marginados ecosistemas ha representado para los investigadores.

La presión predatoria humana incidiendo sobre esta especie tan vulnerable, ha provocado en ella una conducta de recelo que también ha coadyuvado a dificultar su observación.

A. Kortlandt y M. Kooij (1963), J. Goodall (1964), K. Izawa y J. Itani (1966), C. Jones y J. Sabater Pi (1969), U. Rahm (1971), T. Struhsaker y P. Hunkeler (1971), T. Nishida (1972), J. Sabater Pi (1972, 1974 y 1984), W.C. McGrew (1974), C. Boesch (1978) y C. Boesch y H. Boesch (1981) han estudiado la conducta instrumental de los chimpancés en estado natural; en sus trabajos hay referencias al uso de artefactos por esta especie, ya sea como armas, para obtener alimentos, para el aseo corporal o para obtener y beber agua.

B. Taxonomía, distribución y ecología del chimpancé

Desde el punto de vista taxonómico el chimpancé pertenece al género *Pan* (Oken, 1816) según J.R. Napier y P.H. Napier (1967), y W.C. Osman Hill (1969). Estos autores estiman también que este género se divide en dos especies: *Pan troglodytes* (Blumenbach, 1779), que es la especie tipo, y *Pan paniscus* (Schwarz, 1929) o chimpancé pigmeo. La especie *Pan troglodytes* se subdivide, a su vez, en tres subespecies: *Pan troglodytes verus* (Schwarz, 1934), *Pan troglodytes troglodytes* (Blumenbach, 1779) y *Pan troglodytes schweinfurthi* (Gigliolo, 1872).

Los naturalistas de principios de siglo, tan amantes de la pura taxonomía descriptiva, llegaron a subdividir el género *Pan* en 6 o 7 subespecies que no han podido resistir el análisis crítico de la moderna zoología.

Si bien el chimpancé es una especie muy variable en cuanto a coloración, tamaño corporal, zonas desnudas de su cuerpo, morfología craneal, etc., existen, no obstante, muchas características comunes a toda la especie, como son: potentes arcadas superciliares; gran tamaño de las orejas; nariz pequeña y nunca más prominente que el «torus» o visera supraorbital (prominencia supraorbital); cara desnuda; ausencia de cresta sagital; presencia de pelos blancos

Foto 1. Obsérvese a esta hembra con su hijo, cómo mediante el agarre de precisión, *precision grip*, sostiene la ramita-herramienta y come directamente con la boca las termitas agarradas a ella (fotografía obtenida en Gombe Stream por C.E.G. Tutin y gentileza del Dr. McGrew)

en las axilas, y, en forma de mechón, en la zona circum-anal en los lactantes; manos y dedos muy largos, menos el pulgar que es corto; esta desproporción les permite, no obstante, poder efectuar el *precision grip* o agarre de precisión, si bien no con la delicadeza humana, pero sí con la suficiente eficiencia como para poder manipular simples herramientas con eficacia (J.R. Napier, 1962).

En cuanto a su distribución geográfica (véase mapa 1) la subespecie *Pan t. verus* habita desde la fractura botánica de Dahomey (Dahomey gap) al este, hasta Gambia al oeste; por el norte alcanza las sabanas del alto Senegal. La subespecie *Pan t. troglodytes* rebasa, por el oeste, la desembocadura del Níger (se trata de poblaciones en regresión); por el este llega hasta la Sanga y, con intermitencias, por el sureste limita con el curso inferior del Congo hasta su desembocadura.

La subespecie *Pan t. schweinfurthi* ocupa el área delimitada por el Ubangui y el Lualaba, por el oeste; por el este, el *rift* albertino con los lagos, Alberto, Eduardo y Kivu forman un valladar infranqueable; más hacia el sur, en la región del lago Tanganika, algunas poblaciones de chimpancés se extienden por su orilla oriental en una zona de sabanas-parque.

Como puede comprobarse (mapa 1), los grandes ríos y los lagos configuran barreras naturales que esta especie no puede franquear, ya que al igual que los humanos y la mayoría de los primates, el chimpancé no sabe nadar; estos valladares fluviales y lacustres, y también las zonas subdesérticas del norte, compartimentan estas poblaciones favoreciendo la aparición de razas geográficas que lentamente se van diversificando en la vía de la especiación. Estamos de acuerdo, conjuntamente con otros varios primatólogos, que el chimpancé es una especie *euritópica*, es decir, adaptada a vivir en distintos biotopos. Según A. Kortlandt (1967) este póngido no es sólo un braquiador que habita de manera casi exclusiva el bosque denso ecuatorial (*termo-*

pluvisilva), sino que también puede hallarse en sabanas-parque y en sabanas abiertas, donde lleva a cabo largas progresiones en posición bípeda mientras mantiene sus manos ocupadas con alimentos o algunas herramientas elementales; también hay referencias de chimpancés en montañas de hasta 3.000 metros de altura.

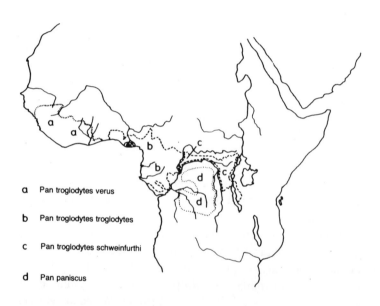

a Pan troglodytes verus

b Pan troglodytes troglodytes

c Pan troglodytes schweinfurthi

d Pan paniscus

Mapa 1. *Distribución del chimpancé.* El género *Pan* se divide en dos especies: *Pan troglodytes* o chimpancé común y *Pan paniscus* o chimpancé pigmeo. La especie *Pan troglodytes* se divide en las subespecies siguientes: *Pan troglodytes verus* (área *a*), conocido vulgarmente con el nombre de chimpancé de la Costa de Guinea; *Pan troglodytes troglodytes* (área *b*), conocido con el nombre de chimpancé de cara negra; y *Pan troglodytes schweinfurthi* (área *c*) o chimpancé del África central. El chimpancé pigmeo, o *Pan paniscus*, vive en el área *d*

B.1. El ecólogo D. Bournonville (1967) afirma que la subespecie *Pant t. verus* del África occidental, se encuentra en la selva densa costera, constituida principalmente por especies arbóreas como *Parinari excelsa, Parkia biglobosa, Dialium guineanae,* etc.; y también en la sabana-parque, donde predominan, en el estrato arbustivo, las especies *Lophira lanceolata, Uvaria chamae, Terminalia albida, Daniellia olivori,* etc., y, en su estrato arbóreo, las mismas especies que en la selva densa pero en mucha menor densidad.

A.R. Dupuy (1970) ha estudiado poblaciones importantes de chimpancés en localidades muy al norte de la zona

FOTO 2. Ejemplar de chimpancé de la subespecie *Pan troglodytes troglodytes*, contemplando desde la copa de un *Sarcocephalus* sp., a 40 metros de altura, al autor de esta obra. Esta fotografía fue obtenida en las montañas de Okorobikó en Río Muni (fotografía del autor)

sudanesa, en el Senegal, donde hasta hace pocos años se opinaba que tales biotopos, muy xerófilos, no eran aptos para esta especie, que se estimaba era exclusivamente forestal. Este especialista describe un ecotipo constituido por un estrato herbáceo donde predomina el *Cymbopogon nardus* y la *Cymbachne guineensis*, y un estrato arbustivo, muy claro, que incluye, entre otras, las especies *Bambusa abyssinica* y *Lophira lanceolata*.

Respecto a la climatología de estas regiones, D. Bournonville (1967) estima que la temperatura y la pluviosidad en la región guineana-sudano-saheliana, no son factores determinantes en la distribución del género *Pan*. Los informes técnicos publicados en distintos estudios fijan 4.000 mm como nivel de precipitaciones medias de la zona costera guineana, 2.000 mm en la región media ocupada por sabana-parque y 1.000 mm en la zona límite septentrional de dispersión geográfica del chimpancé. En cuanto a temperaturas, podemos fijar una oscilación media de 21º entre los valores medios, que son 35º y 14º, y de 37º entre los valores absolutos registrados, que son 41º y 4º respectivamente.

B.2. Respecto a la ecología de los chimpancés del África central-occidental, la documentación más completa es la publicada por C. Jones y J. Sabater Pi (1971) y J. Sabater Pi (1984). Estos autores estiman que en esta región central africana los ecosistemas que constituyen los biotopos del chimpancé son los siguientes:

a) *Bosque primario* o *termopluvisilva* (mapa 2 y dibujo A), caracterizado por su extraordinaria riqueza floral, por el porte y magnitud de sus especies arbóreas y por la abundancia de lianas y epífitas, ello en contraste con un sotobosque muy claro donde la progresión es relativamente fácil.

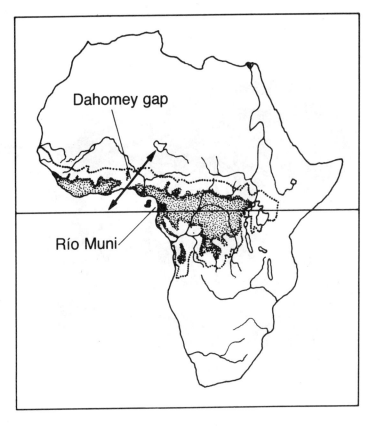

Límite bosque denso (termopluvisilva)

Límite sabana húmeda

MAPA 2. Distribución de la selva primaria densa o «termopluvisilva» del África central y de la sabana húmeda; ambos biotopos son los que explotan los chimpancés. El gorila solamente vive en la «termopluvisilva», y unos pequeños grupos en las selvas de montaña localizadas en la región de los volcanes Virunga

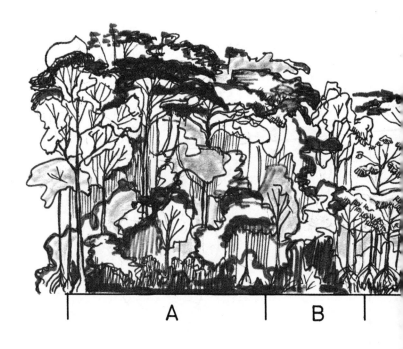

DIBUJO A. *Perfil de la «termopluvisilva»:* A) formación típica: no alterada ni por el hombre ni por los meteoros, los árboles tienen un gran tamaño y están cubiertos de lianas y de epífitas; B) formación secundaria: zona alterada, la vegetación es discontinua entrando la luz con alguna intensidad, lo que provoca el crecimiento de especies *heliófilas* (amantes del sol); C) formación heliófila: se trata de un proceso de regeneración de la selva; el árbol más importante de estos bosques es la *Musanga cecropioides*; D) formación de

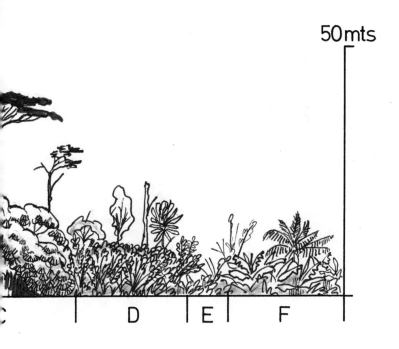

50 mts

D E F

Aframomum, uno de los primeros procesos de regeneración de la selva después de la destrucción, generalmente, por el hombre; E) zona muy degenerada, sólo poblada por gramíneas, generalmente del género *Pennisetum*; F) plantaciones o cultivos indígenas. Los chimpancés habitan, principalmente, las formaciones B, C, D y F. El contacto con F viene obligado por la destrucción de sus biotopos tradicionales; el animal se torna, cada vez más, en comensal y parásito del hombre (dibujo del autor)

31

Las principales familias botánicas a que pertenecen las especies arbóreas de estas formaciones son: leguminosas (cesalpináceas y mimosáceas), y también las moráceas, sapotáceas, malváceas, burseráceas, asteráceas, cumbretáceas, etc. Esta gran masa vegetal crea un techo alto y tupido de unos 40 o 50 metros de altura que tamiza intensamente la luz solar, creando un sotobosque umbrío y muy húmedo favorable al crecimiento de palmeras trepadoras como *Calamus* sp., *Oncocalamus* sp., etc., orquídeas, etc. y

Foto 3. Bosque secundario de Río Muni en la región montañosa de Okorobikó. En estos bosques la progresión es muy difícil y las posibilidades de contemplar los chimpancés durante un largo período son escasas, dada la poca visibilidad (fotografía del autor)

también una infinidad de helechos de los géneros *Alsophila* y *Cyathea*, y de epífitas (dibujo A).

b) *Bosque secundario y formaciones heliófilas* (dibujo A). Las constantes talas, ya sea para explotaciones forestales o para fincas indígenas, aumentan día a día este tipo de floresta, que actualmente es ya plenamente dominante en la geografía de una gran parte del África central-occidental. Su configuración, lejos de ser uniforme, presenta una heterotipia muy diversa correspondiente a su distinto grado de evolución (foto 3). No obstante, y de manera general podemos señalar a la *Musanga cecropioides* como la especie arbórea más genuina de esta formación; le siguen una serie de árboles muy heliófilos: *Vernonia conferta, Alchornea cordifolia, Harungana paniculata*, etc.; como plantas arbustivas del sotobosque se encuentra el *Aframomun* sp., el *Sarcophrynium* sp., los *Combretum* sp., etc.

c) *Fincas indígenas y explotaciones agrícolas* (dibujo A). Es preciso distinguir entre fincas indígenas del tipo «huerto» y las plantaciones con fines comerciales. Las primeras se renuevan cada año y son la causa principal de la destrucción de la selva primaria; en estas fincas hortelanas, siempre temporales, se plantan principalmente plátanos, *Musa* sp.; yuca, *Manihot utilissima*; cacahuetes, *Arachis hypogea*; calabazas, *Cucumis* sp., etc.

En cuanto a las temperaturas de esta área, podemos indicar que son muy estables, fluctuando aproximadamente entre 14° y 27° en las zonas costeras. Las precipitaciones oscilan entre 4.000 y 6.000 mm según las regiones, siendo el grado de humedad, durante todo el año, muy próximo a la saturación, lo que crea la sensación de bochorno tan peculiar de esta región ecuatorial.

B.3. Los chimpancés del África oriental pueblan dos tipos de biotopos; al oeste del *rift* albertino viven en una

33

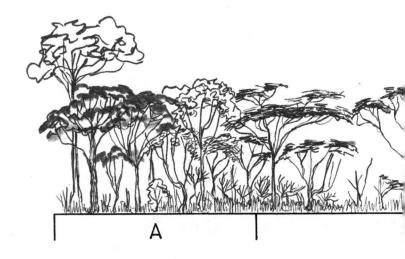

A

DIBUJO B. Perfil de los biotopos habitados por los chimpancés del Senegal, norte de Costa de Marfil y norte de Guinea: A) sabana arbustiva húmeda;

zona de bosques densos cálidos muy similares a las formaciones boscosas que hemos descrito cuando nos referimos a las selvas de la costa del golfo de Guinea y a las del África central-occidental.

V. Reynolds y F. Reynolds (1965) que han estudiado con detalle los chimpancés de la selva de Budongo, en Uganda, en el distrito correspondiente a la zona mencionada, afirman que se trata de un bosque ecuatorial típico, pero con escasa diversidad de especies arbóreas, siendo las más conspicuas las siguientes: *Maesopsis eminii, Ficus capensis, Celtis mildbraedii, Cola* sp., *Cynometra alexandri*, etc. En esta región la temperatura guarda una gran estabilidad, oscilando solamente entre 15º y 36º. Las lluvias podemos situarlas sobre los 4.000 mm.

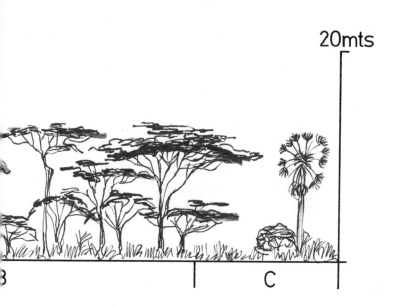

20mts

B) sabana clara con *Acacia* de hoja muy pequeña; C) sabana herbácea con *Borassus* (dibujo del autor)

En cuanto a la ecología de las riberas orientales del lago Tanganika, al oeste del *rift* albertino, es A. Suzuki (1969) quien ha realizado el estudio más completo de este ecosistema, que cobija a una importante población de chimpancés estudiada por los especialistas de las Universidades de Cambridge y Kyoto respectivamente.

Según A. Suzuki (1969), la flora de las márgenes orientales del lago Tanganika se halla integrada por tres grandes tipos de vegetación: sabana, bosque abierto y bosque bajo espeso. En la primera de estas formaciones botánicas predominan las especies herbáceas *Diplorhynchus* sp., *Combretum* sp. *Brachystegia longifolia* y *Arundinaria* sp. En el bosque abierto hay como especies dominantes, *Julbernardia* sp., *Brachystegia bussei*, *Brachystegia allenii*, etc., y en el bosque

35

bajo la *Albizzia* sp., *Cordia* sp. y *Cynometra* sp., son las especies arbustivas más conspicuas.

Respecto a la climatología de esta zona, este mismo autor ha registrado temperaturas máximas de 34° y mínimas de 7°, siendo la media anual de 22°. Las precipitaciones podemos calificarlas de débiles, toda vez que no superan los 1.000 mm al año.

B.4. Si bien en este estudio no hay referencias a la especie *Pan paniscus*, chimpancé pigmeo o bonobo, ya que por tratarse de un póngido poco conocido existe escasa información referente a su conducta en la naturaleza, debemos indicar que se trata de un primate del mayor interés, toda vez que los componentes de esta especie retienen, durante toda su vida, muchos de los caracteres juveniles (neotenia) del género *Pan*, como son: la forma de la cara, la finura del pelo, el mechón de pelos blancos de la región circumanal, etc. Suponemos, también, que alguna de sus capacidades intelectuales están más desarrolladas que en la especie *Pan troglodytes*; su conducta social es muy compleja pero, no obstante, desconocen el uso y fabricación de herramientas o útiles en estado natural.

Esta especie, según H.F. Coolidge (1933), se distribuye en una amplia área del bosque denso ecuatorial que limita con la orilla izquierda del Congo entre los ríos Lomeni y Lukolela. Se trata de unos biotopos muy difíciles y poco poblados que pueden garantizar la pervivencia de esta tan valiosa especie durante muchos años.

Esperamos que los estudios que respecto a la conducta de este chimpancé han iniciado los especialistas de la Universidad de Kyoto y los de nuestro Departamento de la Universidad de Barcelona aportarán información, muy valiosa, al conocimiento de la conducta y ecología de este fascinante primate.

MATERIAL Y MÉTODO

Este estudio lo hemos llevado a cabo mediante el análisis de la información bibliográfica que figura al final de este trabajo. Se trata, con seguridad, de los estudios más solventes que sobre esta temática se han realizado en el mundo hasta la fecha.

También hemos empleado nuestra documentación obtenida en Río Muni, antes Guinea española continental, durante el período comprendido entre 1966 y 1969.

El estudio crítico del material documental lo exponemos por áreas geográficas con el objeto de dar al conjunto una mayor coherencia que coadyuve a facilitar la comprensión de nuestro esquema teórico sobre las tres «áreas culturales» de los chimpancés.

Área geográfica *a* (África occidental)
(Mapa 3)

Las primeras observaciones referentes al uso de objetos naturales como herramientas por los chimpancés en la naturaleza las realizó H. Beatty (1951) en Liberia (véase mapa 3, 1). Se trataba del empleo de piedras para romper el duro hueso de la palmera de aceite *Elaeis guineensis*. Posteriormente, U. Rahm (1971) (mapa 3, 2) y T. Struhsaker y P. Hunkeler (1971) (mapa 3, 3) observaron en la selva de Tai (Costa de Marfil) a varios chimpancés, y en diversas ocasiones, empleando piedras para romper el duro hueso de los frutos de *Panda oleosa, Coula edulis, Parinari excelsa* y *Detarium senegalense* y, en algunas circunstancias, de la nuez de la palmera de aceite, *Elaeis guineensis*; estos frutos son también muy apreciados por los indígenas de estas regiones que, al igual que los chimpancés, los rompen también con piedras al objeto de poder consumir sus semillas oleaginosas.

Pero son los esposos Boesch, psicólogos suizos alumnos de Piaget, los que han estudiado con más éxito y dedicación esta original conducta (Boesch, 1978; Boesch y Boesch, 1981, 1983 y 1984).

Para realizar esta operación los chimpancés colocan los mencionados huesos en ciertas depresiones superficiales que presentan algunas raíces de los grandes árboles de la selva, o bien en grandes piedras planas que actúan a modo de yunques y que nunca son trasladadas debido a su enorme peso.

Las piedras martillo, más livianas, tienen un peso de oscila entre 1 y 9 kg y, muchas veces, son transportadas desde distancias de hasta 300 m.

Uno de los éxitos del estudio consistió en comprobar que las hembras dedican mucho más tiempo que los machos a esta conducta instrumental y son significativamente más diestras y eficaces que ellos en el manejo de las piedras martillo. Los motivos que explicarían estas diferencias serían los siguientes:

a) La estructura social de los chimpancés, al ser patrifocal, permite a las hembras una elevada libertad social; los machos viven siempre pendientes de la conducta de todos

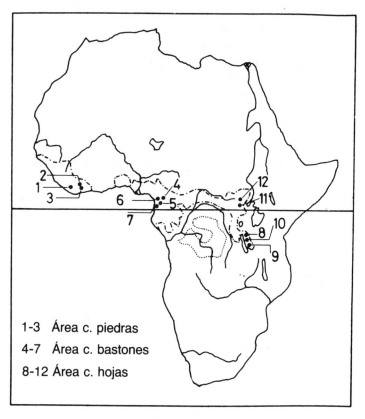

1-3   Área c. piedras
4-7   Área c. bastones
8-12 Área c. hojas

─·─· Área Pan troglodytes
········ Área Pan paniscus

MAPA 3. Distribución de las culturas de los chimpancés: 1 al 3 corresponde al área de la cultura de las piedras; 4 al 7 corresponde al área de la cultura de los bastones; 8 al 12 corresponde al área de la cultura de las hojas. En este mismo mapa se señala el área de distribución del chimpancé común y la del chimpancé pigmeo o *Pan paniscus*

los componentes del grupo, imperativo que limita, extraordinariamente, su capacidad de concentración, requisito necesario para poder realizar la delicada manipulación y acción que este comportamiento exige.

b) Los machos al ser sensiblemente más pesados y musculosos, tienen limitaciones para poder mover y articular los brazos y muñecas con la precisión y flexibilidad necesarias para dar golpes que rompan, solamente, las duras cáscaras de los huesos de los frutos y no aplasten las delicadas nueces que contienen.

Esta conducta instrumental exige además a los chimpancés la elaboración de mapas mentales muy elaborados en los que se articula una compleja red de relaciones entre las piedras yunque, las móviles o martillos y los árboles portadores de frutos, y todo ello estructurado en función, como es obvio, de un mayor beneficio con el menor dispendio, posible, de energía.

T. Struhsaker y P. Hunkeler (1971) opinan que la mencionada «paracultura material» queda circunscrita a las poblaciones de chimpancés que habitan al oeste de Dahomey, concretamente del «Dahomey gap», o ruptura de Dahomey, y que pertenecen a la subespecie *Pan t. verus.* Esta discontinuidad botánica de Dahomey (véase mapa 2) ha provocado un gran poblamiento humano que ha compartimentado la distribución de estos póngidos aislándolos, y, en consecuencia, impidiendo que esta «paracultura» irradiase hacia las poblaciones de chimpancés que habitan el África central, es decir, al este de esta zona.

Una de nuestras investigadoras (Bermejo *et al.*, 1989), ha descubierto que los chimpancés de Niokolo-Koba en el Senegal utilizan piedras para romper los frutos del baobab (*Adansonia*). Esta conducta instrumental concuerda con el esquema de dispersión cultural que proponen los dos autores antes citados.

Área geográfica *b* (África central-occidental)
(Mapa 3)

En cuanto al África central-occidental, la primera información válida de que disponemos es la reseñada por F.G. Merfield y H. Miller (1956). Estos autores describen unas observaciones que llevaron a cabo en el bosque denso del Camerún meridional (mapa 3, 4) referentes a la obtención de miel de unas colmenas subterráneas, por unos chimpancés salvajes, mediante el empleo de bastones.

C. Jones y J. Sabater Pi (1969) describieron por primera vez 184 bastones fabricados por los chimpancés de las regiones de Ayaminken (mapa 3, 5), Dipikar (mapa 3, 6) y Okorobikó (mapa 3, 7), localidades ubicadas en Río Muni (antes Guinea española).

Posteriormente, J. Sabater Pi (1972 y 1974) estudió con detalle 46 bastones obtenidos en la región montañosa de Okorobikó. Estos bastones se consiguieron durante ocho contactos con los chimpancés en la mencionada región y durante un período que media del 29 de agosto de 1968 al 20 de febrero de 1969; se trata de hallazgos posteriores a los que motivaron el trabajo que publicamos en el año 1969. En estos últimos contactos con estos primates, pudimos contemplar, por primera vez y en dos ocasiones, a los referidos póngidos empleando estas elementales herramientas en circunstancias distintas.

De los 184 bastones que motivaron la primera monografía, 157 de ellos, es decir los hallados en las localidades de Okorobikó (mapa 3, 7) y Ayaminken (mapa 3, 5), están depositados en el Departamento de Zoología de la Universidad de Tulane (Nueva Orleans, Louisiana).

En cuanto a los 46 bastones estudiados en los dos trabajos posteriores, algunos de ellos se perdieron durante la evacuación de Río Muni, consecuente a la independencia de la actual República de Guinea Ecuatorial, pero, afortunadamente, su descripción completa figuraba en las libretas de campo que pudieron ser salvadas (véase foto 4).

Las herramientas analizadas en este segundo estudio tienen una longitud que oscila entre 27 y 65 cm (figura 3) siendo su $\bar{x}$ = 49,69 (media) y su σ = 10,2 (desviación tipo); los descritos en el trabajo anterior de C. Jones y J. Sabater Pi (1969) variaban entre 19,5 y 87 cm (véase foto 4). En cuanto a los diámetros, comprobamos que variaban entre

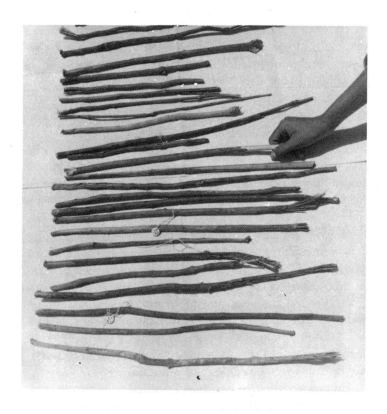

Foto 4. Detalle de algunos de los bastones fabricados y usados por los chimpancés de las montañas de Okorobikó (Río Muni, antes Guinea española continental) (fotografía del autor)

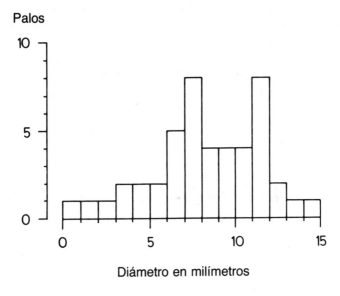

FIGURA 2. Histograma indicativo de los diámetros (en milímetros) de los bastones descritos en el trabajo

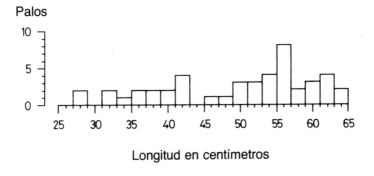

FIGURA 3. Histograma indicativo de las longitudes (en centímetros) de los bastones descritos en el trabajo

1 y 15 mm, siendo su $\bar{x}$ = 8,47 y su σ = 3,4 (figura 2). Los valores referentes a las longitudes son, pues, menos homogéneos que los de los diámetros.

Los diámetros de los artefactos descritos en nuestro trabajo anterior variaban entre 5 y 15 mm. J. Goodall (1964) indica que los bastones empleados por los chimpancés de Gombe Stream (Tanzania), para obtener termitas, tenían una longitud entre 18 y 36 cm.

Ha sido muy difícil poder identificar las especies vegetales que han sido seleccionadas por estos animales para la fabricación de estos bastones; 3 de ellos fueron fabricados con la especie *Pycnantus angolensis*, 1 con *Erythrophloeum guineensis*, 1 con *Poga oleosa* y 1 con *Fagara* sp. De éstos, 24 son completamente rectos, 15 presentan una pequeña

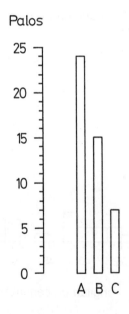

FIGURA 4. Gráfica de la tipología de los bastones obtenidos en Okorobikó (Río Muni): A) completamente rectos; B) presentan una pequeña desviación; y C) muy irregulares y torcidos

desviación y solamente 7 son irregulares y torcidos (figura 4). Los bastones son totalmente rígidos; solamente tres de ellos, los de menor diámetro, presentan una ligera flexibilidad.

La figura 5 indica de manera aproximada y a tenor de las marcas y señales observadas en los bastones en el momento de su observación, cómo fueron cortados: 9 de ellos fueron cortados de un solo extremo, por tratarse, seguramente, de ramas relativamente endebles, mientras que los 37 restantes se cortaron de ambos extremos; de éstos, 14 fueron cortados con los dientes por ambas puntas, ya que

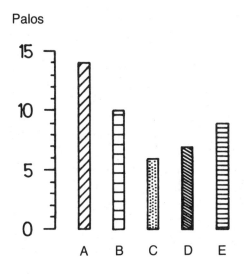

Palos

FIGURA 5. Gráfica indicativa de la forma en que han sido cortados los bastones: A) con los dientes por ambos extremos; B) con las manos por ambos extremos, mediante vaivén o rotación; C) en un extremo con los dientes y en el otro con los dientes y las manos; D) movimiento de rotación en un extremo y en el otro con los dientes; E) de un solo extremo mediante un fuerte movimiento de vaivén, posiblemente ayudado por un fuerte movimiento de rotación

las señales de ellos son evidentes; 10 con las manos en ambos extremos, seguramente mediante un ligero movimiento de vaivén o de rotación; 6 en un extremo con los dientes, y, en el otro, con las manos y quizás con los dientes; y, finalmente, 7 mediante un pronunciado movimiento de rotación en un extremo y en el otro con los dientes. Los 9 cortados de un solo extremo fueron cortados con las manos mediante un pronunciado movimiento de vaivén y, probablemente, después de rotación.

En cuanto a los retoques posteriores, 10 de estos bastones presentaban en el momento de su obtención, marcas de peciolos recién arrancados, lo que indica que estos póngidos sacaron las hojas, seguramente antes de su empleo. J. Goodall (1964) se refiere a bastones limpios de hojas destinados a la obtención de termitas.

Respecto al uso que de estos bastones han hecho los chimpancés, 24 presentaban señales evidentes de haber sido usados por ambos extremos, algunos de ellos con marcas de tierra hasta más de 39 cm de altura. En nuestro trabajo anterior hallamos bastones con señales de tierra hasta el 50 % de su longitud total.

En la figura 6 queda compendiada la distancia que media entre el lugar donde fue usado y hallado el bastón y su posible lugar de procedencia; como puede comprobarse en la gráfica, ésta media entre 1 y 24 metros. J. Goodall (1964) se refiere a bastones cortados a distancias de hasta 100 yardas. En nuestro primer trabajo en colaboración nos referimos a distancias de sólo 5 metros.

Como ya indicamos anteriormente, estos últimos descubrimientos han sido importantes puesto que por primera vez ha sido posible observar en las selvas de Río Muni, a los chimpancés manipulando estos bastones. El hecho de no haber podido observar anteriormente el uso y la fabricación de estas simples herramientas por estos póngidos no debe sorprendernos, ya que las observaciones en la superficie de la selva y a distancias superiores a 10 metros

Palos

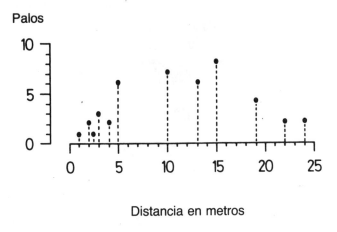

Distancia en metros

FIGURA 6. Gráfica indicativa de la distancia existente entre el lugar donde fue usado y hallado el bastón y su posible lugar de procedencia

son extraordinariamente difíciles; además, en estas regiones africanas donde falta una verdadera ganadería, los indígenas sufren carencias de proteínas animales, y, en consecuencia, todas las especies salvajes pasan a ser alimentos potenciales y cazados intensamente (J. Sabater Pi y C.P. Groves, 1972). Debido a ello, la relación que se establece entre el hombre y estas especies es la de depredador-presa.

En cuanto a las observaciones citadas anteriormente, transcribo exactamente lo escrito en mi libreta de campo en fecha 26 de septiembre de 1968: «A las 10,07 horas, en una zona llana cubierta de vegetación densa y con muy escasa visibilidad, oigo ruidos flojos entre la vegetación, seguidamente vocalizaciones débiles; aparece un chimpancé subadulto de cara clara, me mira fijamente, luego viene una hembra adulta, a su lado se halla un animal pequeño cuya edad debe oscilar entre 1,5 y 2 años, lo veo bastante mal; lleva en la mano una ramita sin hojas, seguidamente

Figura 7. Chimpancé manipulando un bastón mediante el método conocido con el nombre de *power grip* o agarre de fuerza

oigo picar el suelo reiteradamente, al igual que un niño al golpear la tierra con la mano abierta, puedo ver cómo el pequeño clava el bastón en el suelo, opera sosteniendo la rama (tal como indica la figura 7); a las 10,15 el pequeño grita de nuevo y el grupo entero desaparece, sin ruido, tal como había llegado. Me dirijo hacia el lugar y compruebo que el palito que usaba el chimpancé está clavado en el suelo, al lado de un arbusto; una parte del bastón se había quebrado durante esta actividad. En este lugar no hay ningún termitero. El bastón fue cortado a unos 2 metros escasos de donde lo hallamos [...]». En el pequeño hoyo abierto por el animal no hay ningún resto de tubérculo ni raíz, por lo que suponemos que esta actividad era simplemente un juego.

J. Van Lawick-Goodall (1970) ha observado también a pequeños chimpancés jugando con bastones o empleándolos de manera impropia en un contexto que podría calificarse de aprendizaje lúdico.

El 20 de enero de 1969 observé en la misma localidad y

antes de las 9 de la mañana a un grupo de cuatro chimpancés; tres de ellos eran machos subadultos y se hallaban reunidos alrededor de un termitero. Comprobé que uno de ellos clavó y desclavó cuatro veces consecutivas un palo en el suelo; operaba con la mano derecha y el pulgar hacia arriba (figura 7). Esta manera de operar con un bastón y la manera de actuar observada anteriormente, son variantes del *power-grip* o agarre de fuerza que, según J.R Napier (1962), solamente el hombre con plenitud y algunos primates de manera imperfecta, están capacitados morfológicamente para poder realizar. Después escarbaron la tierra húmeda, ya que había lloviznado la noche anterior. Estos animales se hallaban presos de una gran excitación y gritaban reiteradamente pero sin llevar a cabo ningún *display* o exhibición conductual estereotipada. La observación duró 11 minutos.

Después de marcharse los animales obtuve tres bastones, uno de ellos fuertemente clavado en el suelo en la misma base del termitero.

FIGURA 8. Chimpancé utilizando un bastón mediante el método *precision grip* o agarre de precisión

La presencia de los bastones siempre cerca de los termiteros o bien clavados en ellos y principalmente esta última observación, permiten asegurar que estas simples herramientas tienen por objeto ayudar a los chimpancés a obtener las termitas. Estos palos sirven para perforar la base de los termiteros o bien para abrir canales y hoyos que faciliten la introducción de los dedos en ellos y lograr así los insectos apetecidos. Podría ser que estos bastones sirvieran también en algunas ocasiones para obtener tierra de los termiteros; ésta parece ser rica en materias absorbentes de algunos taninos tóxicos de plantas que consumen.

En estas regiones los índigenas compiten también con los chimpancés para obtener estas termitas que les sirven para complementar su dieta en proteínas y vitaminas del grupo B.

Los mencionados termiteros, subterráneos o semisubterráneos, pertenecen a las especies *Macrotermes muelleri* (Sjöstedt) y *Macrotermes lilljeborgi* (Sjöstedt). Esta clasificación la llevaron a cabo los doctores Ernst y Harris, respectivamente del Institut Tropical Suisse y del British Museum of Natural History de Inglaterra.

Sugiyama (1985) se refiere a unos bastones sensiblemente iguales a los que acabamos de describir ($\bar{x}$ = 46,8 cm) que encontró en la región del río Campo, en el Camerún meridional, cerca de la frontera de Guinea Ecuatorial. Si bien el autor no observó a los chimpancés manufacturando y utilizando estos bastones, al hallar los mismos incrustados en termiteros con muestras evidentes de la acción de estos póngidos —por cierto muy abundantes en la zona—, es indudable que fueron ellos sus fabricantes.

Varios de ellos presentaban una incipiente escoba en uno de sus extremos, detalle que también observamos en algunos de los nuestros; según Sugiyama, los animales lograrían estas terminaciones golpeando el extremo con una piedra; esta sería la utilización de un instrumento para fabricar otro. Si bien no conocemos, con seguridad, la utilidad de esta modificación podría estar relacionada con una mayor facilidad para el logro de estas termitas.

Área geográfica c (África oriental)
(Mapa 3)

Esta última área incluye la región donde se han llevado a cabo los estudios más importantes referentes a esta temática. Se trata de la amplia zona que bordea la costa oriental del lago Tanganika (Tanzania).

En el mencionado territorio, los investigadores del Gombe Stream Research Center, centro que ha dependido de las Universidades de Stanford y Cambridge respectivamente hasta hace poco, han llevado a cabo descubrimientos trascendentales sobre la conducta de los chimpancés en la naturaleza. En la misma zona, pero más al sur, en las montañas Mahale, los especialistas japoneses también despliegan una gran actividad investigadora, centrada, principalmente, en la problemática que motiva este estudio y en la sociología comparada de estos póngidos.

También debemos indicar que en esta área geográfica, pero en su porción noroeste, en las selvas de Uganda, en estos últimos años varios primatólogos han estudiado algunos aspectos de la conducta instrumental de los chimpancés.

J. Goodall (1964) es bien conocida de la ciencia por sus espectaculares descubrimientos sobre la conducta de los chimpancés que viven en la orilla oriental del lago Tanganika. Esta investigadora inglesa logró, después de varios años de tenaz insistencia, eliminar paulatinamente el temor que los chimpancés sienten por los humanos. Este logro ha permitido llevar a cabo una infinidad de trabajos en unas condiciones de proximidad y continuidad que han abierto insospechados horizontes al conocimiento de los aspectos más difíciles e íntimos de la conducta de los chimpancés, que son, sin duda, nuestros parientes biológicos más próximos. La eli-

51

FOTO 5. Una hembra adulta en Gombe Stream preparando una herramienta que luego usará para la obtención de termitas (fotografía de C.E.G. Tutin, gentileza del Dr. McGrew)

minación de este temor también ha representado la modificación del repertorio conductual natural de estos animales.

La mencionada autora observó, más de 100 veces, a varios chimpancés que usaban finas ramitas o briznas de 18 a 36 cm de longitud para obtener termitas del género *Macrotermes bellicosus* (véase mapa 3, 8).

Estas herramientas son previamente seleccionadas entre la vegetación que circunda el área del termitero. Los animales inspeccionan varias ramitas o peciolos antes de arrancar la porción conveniente; luego este material es cuidadosamente preparado, primero arrancando las hojas, ya sea con la boca o bien con los dedos; los trozos que al sobresalir puedan representar alguna inconveniencia en el momento de introducir la brizna en el termitero, también son eliminados. J. Goodall informa que algunas ramitas fueron seleccionadas y acarreadas, en algunos casos, desde distancias superiores a dos kilómetros.

La técnica seguida, conocida con el nombre de «pesca de termitas», consiste en introducir, mediante un suave movimiento de rotación, la ramita dentro del termitero aprovechando alguna de sus minúsculas aberturas (figuras 9 y 10); después de varios minutos la brizna se retira con las termitas que con sus fuertes mandíbulas se agarraron al objeto extraño. Posteriormente, como muestra la figura 11, los insectos son retirados con los labios y comidos con gran fruición.

La mencionada investigadora indica también, en otra ocasión, que varios chimpancés, después de romper hojas arrancadas de los árboles, observó cómo las masticaban hasta lograr una masa esponjosa que luego, mediante una ligera presión de los dedos, era introducida dentro de pe-

FIGURAS 9 y 10. Chimpancés llevando a cabo la «pesca de termitas» en la región de Gombe (dibujos a partir de fotografías de J. Goodall)

FIGURA 11. Chimpancé comiendo los insectos que se han pegado a la herramienta después de la «pesca de termitas»

queñas oquedades de los troncos de los árboles que contenían agua. De este modo les era factible obtener, por absorción, este precioso líquido, especialmente durante la estación seca. Esta es seguramente la única forma de lograr estas pequeñas cantidades de agua limpia que, fruto del rocío nocturno, quedan depositadas dentro de estas pequeñas anfractuosidades de los troncos de los árboles de la selva.

La misma autora se refiere también a chimpancés usando manojos de hojas para eliminar el barro de sus pies, piernas y muslos. En otra ocasión observó cómo un animal adolescente usaba unas hojas para limpiar restos de excremento de su zona anal, y también a una hembra que para sacar unas gotas de orina de su cuerpo empleaba hojas. Goodall se refiere también a una madre limpiando a su cría con hojas secas.

J. Goodall (1964) insiste que en la región de Gombe, cuando un grupo de chimpancés interfiere con otro grupo desconocido, se puede producir una reacción violenta, si bien generalmente de simple intimidación a distancia; en estos casos los componentes de los grupos, en algunas ocasiones se arrojan ramas entre sí pero con escasa puntería.

Los japoneses K. Izawa y J. Itani (1966) observaron en el valle de Kasakati, zona localizada también en las laderas orientales del lago Tanganika, a un grupo de chimpancés que extraían miel de unas colmenas salvajes mediante la ayuda de finas ramas y de hojas coriáceas (mapa 3, 9).

En esta misma zona, tan rica en descubrimientos primatológicos, el psicólogo japonés T. Nishida (1972) estudió, durante varios años, los chimpancés de las montañas Mahale (Tanzania) (mapa 3, 10).

La importancia de estas investigaciones estriba en que se centraron especialmente en el uso y la fabricación de herramientas destinadas a la obtención de hormigas arborícolas, toda vez que el uso de herramientas en los árboles es una temática muy controvertida en la polémica que han sostenido algunos paleontólogos sobre evolución y ontogénesis de la tecnología de los homínidos.

De manera general se ha pensado que el origen y el uso de herramientas por los homínidos está estrechamente relacionado con la vida terrestre.

En los árboles, el chimpancé debe usar sus manos en la estricta funcionalidad de desplazamiento, es decir, para la progresión cuadrúpeda, el salto y la braquiación; pero en los árboles las manos no son usadas para el exclusivo fin de la locomoción, sino, como es obvio, se usan también para la obtención de alimento, el tacto de los materiales, el aseo manual de los congéneres, el abrazo de los pequeños, etc. Además, precisamente en los árboles es donde existen más materiales que incitan a su manipulación: frutas de vistosos y variados colores, lianas, cortezas, hojas, flores, insectos, etc.

Hemos comprobado conjuntamente con varios primatólogos de campo, que estas actividades arborícolas de los chimpancés se desarrollan, casi siempre, en posición sentada. G.W. Hewes (1961) opina que en el hombre moderno el 80 % de los casos de uso de herramientas se lleva a cabo en posición sentada, en cuclillas o de rodillas.

El mencionado investigador japonés descubrió que los chimpancés de esta región utilizan palitos hurgadores para expulsar las hormigas del género *Camponotus* de sus nidos localizados dentro de la corteza de algunos árboles. Estos insectos son cogidos después uno a uno y comidos con gran avidez. Por tratarse de una especie con elevados niveles de ácido fórmico, los chimpancés neutralizan su efecto lamiendo, seguidamente, el exudado interno de la corteza de *Brachystegia bussei*.

Cuando estas manipulaciones provocan una gran salida de hormigas, estos primates las recogen entonces mediante hojas, actuando al igual que los humanos cuando quieren aprehender algún insecto mediante un trapo o pañuelo; después estrujan las hojas con fuerza y seguidamente las abren sobre su boca, consumiendo con gran fruición a estas hormigas que para ellos son verdaderas golosinas.

Otro descubrimiento muy importante del citado psicólogo, es el del uso que hacen los chimpancés de la nerviación central de las hojas de *Combretum molle* para la obtención de las hormigas arbóreas *Camponotus maculatus*, que, como ya hemos indicado, viven en las anfractuosidades del tronco de algunos árboles. Para confeccionar estas simples herramientas en forma de espátula desbastan cuidadosamente la hoja con los dedos, logrando así una adición al peciolo que constituye un útil muy resistente y altamente flexible de unos 15 cm de longitud (figura 12).

En resumen, es interesante comprobar que los descubrimientos de este investigador de campo japonés se han referido, casi de manera exclusiva, al uso de hojas, peciolos y nerviaciones de hojas y finas briznas para la obtención de hormigas arborícolas en un econicho arbóreo.

Últimamente, W.C. McGrew (1974), investigador inglés destacado en el Gombe Stream Research Center (centro ubicado en la orilla oriental del lago Tanganika), publicó

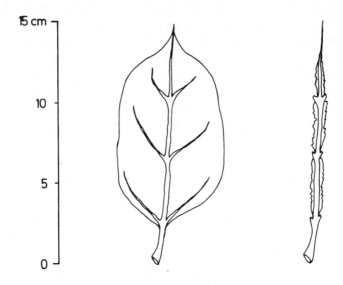

FIGURA 12. Nerviación central de la hoja de la planta *Combretum molle*, tal como la preparan los chimpancés para obtener las hormigas *Camponotus maculatus* (según Nishida)

un interesante estudio sobre la conducta instrumental que ha observado llevan a cabo los chimpancés para la obtención de hormigas. Dice el autor que el chimpancé, ante todo, debe localizar el hormiguero, lo que es bastante difícil ya que éstos son muy poco aparentes, y, generalmente, se hallan muy escondidos entre la vegetación arbustiva. Seguidamente el animal prepara la herramienta buscando entre la vegetación del entorno una fina liana o ramita que considere adecuada; ésta debe ser recta, fuerte y sin ramas laterales; después arranca con las manos todas las hojas y alisa con los dientes las posibles asperezas. Si la herramienta se estropea durante su uso, muchas veces es remodelada acortándola y afinándola con los dientes y los dedos. Con la

57

herramienta ultimada el chimpancé se aproxima al hormiguero e inserta la punta más fina en una pequeña oquedad del mismo; el artefacto es sostenido mediante el agarre de precisión (véase figura 9), generalmente entre la yema del pulgar y la del índice; seguidamente mueve la liana de arriba abajo y le imprime, también, un ligero movimiento de rotación, lo cual provoca que varias hormigas empiecen a salir por la herramienta sin morderla; se trata de una nueva modalidad de la «pesca» de hormigas o termitas. Cuando la herramienta está bien llena de hormigas, es sacada rápidamente del hormiguero y, mediante un rápido movimiento de las yemas de los dedos a lo largo del palo, el

Foto 6. Dos chimpancés machos, adultos, con la herramienta para la obtención de termitas preparada, inspeccionan la entrada de un termitero subterráneo en Gombe Stream, a orillas del lago Tanganika (fotografía de C.E.G. Tutin, gentileza del Dr. McGrew)

Fото 7. La herramienta se ha doblado después de haber sido usada varias veces; obsérvese que muchas termitas están posadas y agarradas sobre la misma. Una vez comidos los insectos la herramienta será remodelada para posteriores usos (esta fotografía ha sido obtenida en Gombe Stream por C.E.G. Tutin, gentileza del Dr McGrew)

chimpancé vacía su contenido dentro de su boca; algunas hormigas pueden picar los labios del animal, pero ello no tiene importancia, pues éste, según el autor, hace algunas cómicas muecas y come el contenido con satisfacción.

Aprovecho esta ocasión para indicar que en un estudio que llevé a cabo en Río Muni sobre la alimentación de los chimpancés en la naturaleza, pude comprobar que el sabor ácido era uno de los más apetecidos tanto de los gorilas como de los chimpancés; las hormigas a que nos estamos refiriendo tienen un fuerte sabor a ácido fórmico.

El referido autor estima que esta técnica es muy efectiva y más si consideramos que sólo se emplean materiales obtenidos directamente de la vegetación circundante con escaso esfuerzo. Con seguridad las piedras, los huesos o bien las cornamentas son materiales más duros y fuertes y su duración sería mucho mayor, pero también serían herramientas pesadas y molestas de acarrear, ya que al no ser factible obtenerlas en cualquier lugar sería necesario conservarlas transportándolas continuamente; ello representaría un gasto importante de energía contrario al principio biológico de la economía.

En estas regiones africanas la vegetación es abundante y el chimpancé, en estas condiciones, no tiene dificultades en la fabricación de estas simples herramientas naturales que precisa, y que si bien son muy elementales no por ello dejan de ser eficientes y las más adecuadas al modo de vida de este primate; de ser más cortas, las hormigas subirían con facilidad por ellas y el operador sería molestado y picado con profusión; más largas, serían difíciles de manipular; un diámetro menor conformaría un artefacto frágil y quebradizo que también se doblaría fácilmente dentro del hormiguero; una herramienta basta y rugosa no facilitaría el rápido movimiento ascensional de los dedos de este póngido que le permite cobrar con facilidad a las hormigas durante su progresión a lo largo del instrumento.

De esta área geográfica que ya sabemos poblada por la subespecie *Pan t. schweinfurthi*, tenemos abundante información sobre el uso y fabricación de herramientas por las poblaciones de esta especie que habitan solamente las orillas orientales del lago Tanganika, pero carecemos prácticamente de datos de los grupos que habitan en las extensas selvas de Uganda y del Zaire.

Disponemos sólo de algunos informes sobre el empleo de ramas de árboles durante los «despliegues» de los chimpancés machos; V. Reynolds y F. Reynolds (1965) (mapa 3, 12) se refieren a esta actividad en la selva de Budongo, en Uganda; se trata casi siempre de grandes ramajes arrancados con violencia en la vegetación inmediata en el momento en que un macho dominante, muy excitado, inicia el «despliegue intimidador»; estas ramas tienen por objeto aumentar el tamaño del brazo del animal, dándole un aspecto imponente y temible ante los ojos del posible intruso y también de los mismos congéneres del grupo.

V. Sugiyama (1969) se refiere a una sola observación, realizada en las selvas de Budongo, en Uganda; dos chimpancés utilizaban una rama con hojas en un extremo para ahuyentar las moscas que les molestaban (mapa 3, 11). El referido autor insiste que no ha visto nunca a estos primates interesados por las termitas ni las hormigas que, por cierto, abundan mucho en esta región.

V. Reynolds y F. Reynolds (1965) también muestran su extrañeza por la falta de interés que en las selvas de Uganda tienen los chimpancés por las termitas. Personalmente también estoy muy sorprendido por esta falta de entomofagia y opino que quizás las observaciones realizadas no han podido ser lo suficientemente cuidadosas como para poder comprobar esta actividad; personalmente, en Río Muni, nos fue muy difícil poder descubrir las herramientas que usaban los chimpancés para obtener las termitas forestales; una vez realizado el primer descubrimiento, conseguir el resto de los hallazgos fue más fácil.

Después de la exposición que acabamos de realizar referente a todo el material bibliográfico existente hasta la fecha sobre esta temática, podemos adelantar, como ya lo expusimos por primera vez en una revista especializada de antropología (J. Sabater Pi, 1974a), que es posible agrupar las actividades tecnológicas a que nos hemos referido dentro de tres grandes «áreas culturales» (véase mapa 3).

En el mapa de referencia queda patentizado que los chimpancés del África occidental (mapa 3, del 1 al 3) conocen el uso de piedras para quebrar el duro hueso de varios frutos silvestres y también, seguramente, para desbastar el pericarpo de los mismos; no es, pues, aventurado insinuar un «área cultural de las piedras» que correspondería al área que engloba las localidades donde se ha obtenido la información que poseemos sobre esta protocultura. La poca documentación que sobre la misma existe nos impide definir sus límites, pero estimamos que abarca aproximadamente toda el área de distribución de la subespecie *Pan troglodytes verus*, no rebasando la gran frontera ecológica que determina el «gap de Dahomey» (véase mapa 2) o fractura botánica de Dahomey. Esta barrera natural, de la que ya hemos hablado anteriormente, no viene fijada, precisamente, por la discontinuidad botánica, sino por el gran poblamiento humano que originó; sabemos que al este de dicho límite no se ha certificado en ningún lugar el uso de piedras por los chimpancés salvajes, a pesar de que las especies botánicas cuyos frutos provocan esta conducta instrumental, son también abundantes en las selvas de la región que estudiamos a continuación.

En cuanto al África centro-occidental, disponemos también de poca información. Se trata de una de las zonas más difíciles por lo intrincado de la vegetación, la dureza del clima e incidencia de las enfermedades, y porque los chimpancés son muy perseguidos por los nativos. Los póngidos de esta amplia región solamente han sido estudiados, en profundidad, por nosotros: no hay publicaciones referentes a las poblaciones de estos animales que viven en el Camerún, y en el Congo (Brazzaville). Actualmente, C.M. Hladik (1977) ha publicado un estudio especializado sobre la alimentación de un pequeño grupo de chimpancés reintroducido en la selva del Gabón; en este estudio, no hay ninguna referencia a conducta instrumental.

Es posible que en esta amplia área, la más importante de todas tanto en extensión como en densidad de chimpancés, estos póngidos conozcan otras conductas en las que sea preciso el empleo de objetos naturales como herramientas; no obstante queda bien patente que estos bastones tan regulares estudiados anteriormente y que son muy afines a los descritos por Merfield y Miller en 1957, en Camarones, son muy significativos y caracterizan una protoindustria que podríamos definir como la de los bastones, y calificar esta área como «área cultural de los bastones». Dicha área está poblada por la especie *Pan troglodytes troglodytes* (véase mapa 1).

La última región incluye el área más conocida. Se trata de la estrecha franja de terreno ubicada en el borde oriental del lago Tanganika. También hemos pensado que las selvas de Uganda deben participar de esta cultura, si bien, como ya hemos indicado anteriormente, hay pocos datos de los chimpancés que viven en las mismas.

Foto 8. Grupo familiar de chimpancés en Gombe Stream en una bucólica secuencia de pesca de termitas; todos los ejemplares sostienen una herramienta en sus manos. El pequeño la usa quizás inapropiadamente, pero mediante este aprendizaje sabrá emplearla adecuadamente dentro de unos meses (fotografía de C.E.G. Tutin, gentileza del Dr. McGrew)

La característica más notable de esta área cultural, especialmente en las localidades 8, 9, 10 (mapa 3), es el empleo de hojas de algún modo como herramientas, ya sea manipuladas o sin manipular. También es muy conspicua de esta área la técnica que J. Goodall (1964) denomina «pesca de termitas». Recordemos, para concluir, que los chimpancés que viven en esta área cultural pertenecen a la subespecie *Pan. t. schweinfurthi* (véase mapa 1).

Estas recientes aportaciones siguen confirmando, con matices, nuestra opinión expuesta en este capítulo referente a la vigencia de las tres áreas culturales, diferenciadas y delimitadas geográficamente.

Sugiyama en un artículo todavía inédito que pronto aparecerá en el libro titulado *The Use of the Tools in Primates*, propone que las mencionadas áreas o círculos culturales se denominen en el futuro, como sigue:

a) *Termite tunnel probing area*. Es la que denominamos en este libro de las hojas y finas lianas que utilizan estos primates para sondar los túneles de ventilación de los grandes termiteros, al objeto de capturar a estos apetecidos invertebrados. Esta cultura, como ya saben, fue descubierta y estudiada por Jane Goodall en Gombe (Tanzania).

b) *Termite mound digging area*. Que corresponde a la de los bastones utilizados para perforar o cavar los termiteros subterráneos; industria que fue descubierta y estudiada por nosotros en Okorobikó (Guinea Ecuatorial), y por Sugiyama en Campo (Camerún).

c) *Hard nut cracking area*. Se trata del área en la que los chimpancés emplean piedras para romper el duro hueso de algunos frutos de la selva; esta cultura fue descubierta por Beatty y estudiada especialmente por los esposos Boesch en la selva de Tai (Costa de Marfil).

Estas conductas culturales están condicionadas, como es obvio, a las posibilidades materiales que ofrecen los biotopos donde viven, y también a las capacidades innatas e inteligencia inventiva de estos primates (J.J. Vea y I. Clemente, 1988).

Es de esperar que futuras investigaciones descubran nuevas conductas culturales y que también condicionen, ponderando correctamente, lo que de las actuales conocemos.

Existen hechos puntuales, sólidos, que sostienen nuestros planteamientos. Varios de los frutos consumidos por estos animales en Costa de Marfil, abundan también en Río Muni y Gabón, así como las piedras adecuadas para poder romperlos, no obstante, no son consumidos.

En las selvas de Costa de Marfil ricas en termiteros subterráneos como los de Río Muni, estos animales no saben fabricar estos bastones y, en consecuencia, no comen las mencionadas termitas.

Estamos ante una temática muy apasionante que despierta un interés creciente ante todos los estudiosos del hombre y de sus hermanos en la filogenia.

DISCUSIÓN

C. El uso de herramientas por los animales. La tanatocresis de los invertebrados

En la Introducción a este trabajo exponía, de manera resumida, la trascendencia que el uso de herramientas por los primates ha tenido en la psicología, la antropología y la paleontología. Pero sabemos también que algunos moluscos utilizan herramientas; tal es el caso del cefalópodo *Tremactopus*, que puede utilizar para su defensa los tentáculos urticantes de un celentéreo, la *Physalia*, como si se tratara de extremidades propias (R. Margalef, 1974).

Los cangrejos ermitaños utilizan también las conchas de algunos caracoles muertos, y algunos ejemplare protegen la abertura de la misma con tentáculos de *Physalia* al objeto de evitar la acción de sus predadores.

Esta conducta, propia de algunos invertebrados, consistente en el uso de cadáveres, secreciones, piezas esqueléticas, etc., se conoce con el nombre de *tanatocresis*. Se trata, seguramente, del primer eslabón conocido dentro de la conducta instrumental. R. Margalef (1974) expone, con más detalle, peculiaridades de esta conducta instrumental tan simple.

C.1. *Uso de herramientas por algunas aves*

a) Varias especies de pájaros de la familia de los lánidos, en nuestro país concretamente las especies *Lanius excubitor*, *Lanius senator* y *Lanius collurio*, empalan o clavan a sus víctimas en púas de zarzales u otras plantas espinosas antes de consumirlos. Ello no es un verdadero uso de herramientas, toda vez que la púa no es manipulada por el pájaro, sino que es éste quien clava a là víctima; no obstante se trata de una conducta instrumental, que podríamos calificar de pasiva.

b) El pinzón de las islas Galápagos, *Cactospiza pallida*, es el único pájaro que sabe usar normalmente una herramienta para alimentarse. Este interesante pinzón se sirve de una púa de opunctia o cacto para hurgar en el tronco de los árboles y expulsar así los insectos xilófagos que se esconden debajo de la corteza; una vez éstos aparecen en la superficie son atrapados por esta ave insectívora mediante su pico (R.I. Bowman, 1961).

c) El buitre egipcio o alimoche, *Neophron percnopterus*, usa piedras para romper las cáscaras de los huevos de avestruz que le sirven de alimento. J. van Lawick-Goodall y H. van Lawick (1966) observaron en las sabanas de Tanzania, cómo estas rapaces, en vuelo rasante, arrojaban piedras, que llevaban prendidas con el pico, sobre unos huevos de avestruz. También comprobaron que podían llevar a cabo esta conducta estando posados en el suelo; entonces se acompañaban de enérgicos movimientos del cuello y de la cabeza al arrojar las piedras. Varios autores opinan que este comportamiento podría derivar de la conducta innata que presentan ciertas aves rapaces y que consiste en matar la presa que llevan sostenida con el pico, estrellándola, en vuelo, contra el suelo.

C.2. *Uso de herramientas por un mamífero no primate*

El único mamífero no primate que emplea usualmente objetos naturales como herramientas es la nutria marina de California, *Enhydra lutris*. Este carnívoro marino emerge del mar flotando tranquilamente sobre su espalda y envuelto en su gran manojo de algas marinas gigantes que coadyuvan a su sustentación; sobre el pecho del animal descansa una piedra plana que emplea a modo de yunque para aplastar, mediante fuertes contracciones de sus patas delanteras, a los grandes caracoles marinos que ha obtenido del fondo. El conocimiento de esta conducta le permite aprovechar la notable fuente de proteínas que son los mencionados moluscos.

K.R.L. Hall y G. Schaller (1964) que han estudiado este comportamiento de las nutrias, estiman que solamente un 50 % de los alimentos consumidos durante la migración invernal a California es obtenido mediante esta técnica instrumental, que además no es patrimonio exclusivo de toda la población.

Todos estos comportamientos que acabamos de describir son conductas básicamente innatas que se ponen en acción previa una señal o signo desencadenador que provoca un conjunto de secuencias conductuales o actos. Se trata pues de una actividad que podríamos calificar de instintiva, ya que el aprendizaje tiene escasa incidencia en la misma; en consecuencia, es patrimonio de todos los componentes de la especie. No obstante, conforme vamos ascendiendo en la escala zoológica, este imperativo biológico es menos estricto. En el caso concreto de la nutria de California, por ejemplo, no siempre el animal rompe los caracoles mediante esta técnica; la naturaleza le ha concedido alguna libertad si bien dentro de unos límites estrechos.

En los primates se inicia una liberación substancial de los imperativos del instinto, si bien existe una predisposición genética y una necesaria incidencia ecológica; el aprendizaje es el que da a la especie un panel de opciones entre las que el animal va escogiendo la que tiene más capacidad adaptativa, tanto en el espacio como en el tiempo.

C.3. *Uso de herramientas por algunos primates en la naturaleza*

J. Kaufman (1962) ha observado a un pequeño mono sudamericano, el *Cebus capucinus*, lanzando cortezas, ramas y frutos para defenderse de sus enemigos. Thorington, citado por P. Jay (1968) se refiere también a varias observaciones de monos capuchinos utilizando pequeños peciolos para obtener determinados insectos xilófagos que viven en las cortezas de los árboles que pueblan la selva amazónica.

Los psicólogos W.J. Hamilton (1975) y M. Pickford (1975) describen 23 secuencias de lanzamiento de piedras por varios grupos de monos babuinos, *Papio ursinus*; ello sucedió en el sur de Kenia, concretamente en el cañón de Kuiseb. Estos primates arrojaron piedras desde lo alto de unos acantilados contra los autores de estas descripciones.

Según estos autores, los referidos lanzamientos van siempre acompañados de fuerte excitación por parte de los componentes del grupo (gruñidos, movimientos compulsivos, etc.); las piedras son lanzadas mediante movimientos laterales del brazo y mano. En algunas ocasiones la acción consiste simplemente en desprender las piedras del suelo y dejar que se precipiten rodando por el escarpe del cañón. El peso medio de las piedras lanzadas es de unos 200 gramos.

Los citados investigadores hacen constar en sus escritos que estas agresiones solamente tenían lugar cuando los animales estaban acostumbrados a su presencia, y que esta conducta agonística se estimulaba sensiblemente cuando corrían para protegerse de los posibles impactos de los proyectiles.

Esta descripción corresponde a un caso típico de conducta instrumental aprendida, toda vez que ésta es solamente patrimonio de unos grupos concretos; otras familias de la misma especie que habitan esta región desconocen este comportamiento.

La ontogénesis de esta conducta debe de haber seguido una línea cuyo esquema sería: un individuo de uno de los grupos descubriría, ocasionalmente, esta conducta; refuerzos sucesivos aumentarían la probabilidad de que la misma se repitiera y a la vez mejorarían la técnica; posteriormente pasaría al repertorio conductual del grupo si éste la estimara interesante y efectiva; finalmente esta conducta engrosa el acervo de la unidad social donde puede transmitirse a sucesivas generaciones y, mediante animales periféricos o emigrantes, puede alcanzar a otros grupos.

Para concluir este apartado es preciso referirnos al único póngido no africano, el orangután (*Pongo pygmaeus*) que vive en la selva ecuatorial densa del norte de Sumatra y centro de Borneo.

Si bien se trata de un mono antropomorfo que muestra unas extraordinarias habilidades manipulativas e instrumentales en cautividad, se le conocen escasas secuencias conductuales de uso de instrumentos en estado natural.

A. Kortlandt y M. Kooij (1963) resumen los comportamientos instrumentales de estos animales observados hasta la fecha de la publicación de su trabajo. Se trata, mayormente, del lanzamiento de ramas y piedras en contextos agonísticos y, en algunos casos, muy escasos por cierto, del uso de ramas para obtener frutos que sean inaccesibles mediante la simple extensión de brazos y manos.

H.D. Rijksen (1977), en su tesis doctoral referente a la eto-ecología de estos monos superiores, describe varias conductas instrumentales de estos animales, pero debido a que ese estudio lo llevó a cabo en una reserva dedicada a la aclimatación y posterior reintroducción de orangutanes cautivos a la naturaleza, estimamos que las conductas a que se refiere tienen escasa validez dentro del contexto que anima este estudio, por tratarse, seguramente, de conductas aprendidas durante el período en que estos primates permanecieron en contacto con los humanos.

D. Problemática del concepto de cultura en los animales

En sus estudios sobre la cultura de las comunidades humanas, los antropólogos emplean para definirla expresiones que tienen un significado muy amplio. Así, por ejemplo, los antropólogos neoevolucionistas estiman que cultura es simplemente «la conducta aprendida que se transmite socialmente».

Tylor, un antropólogo evolucionista clásico, define el término cultura como «el complejo que incluye los conocimientos, las creencias, el arte, la moral, el derecho, las costumbres y todos los hábitos y capacidades adquiridos por el hombre en cuanto miembro de una sociedad» (E.B. Tylor, 1971).

Toda vez que existen costumbres y prohibiciones relacionadas con prácticamente todos los aspectos de la conducta humana, desde la forma de reír hasta la de llorar y de la de comer a la de dormir, el antropólogo observa y describe todos los comportamientos humanos como elementos integrantes de su cultura.

El etólogo y el psicólogo animal, por otro lado, están obligados a proceder con gran cautela si intentan investigar la «cultura» de especies animales. Tienen que centrar su campo de estudio en el análisis cuidadoso de las pautas de conducta que observan y en la ontogénesis de las mismas, llegando a la conclusión de que sólo unos pocos componentes conductuales han sido influenciados por la «cultura»; limitándose, inclusive, a aceptar como culturales unos elementos mínimos, sus conclusiones hallarán, con seguridad, un eco controvertido por el antropocentrismo que impregna toda la conducta humana.

Como ya hemos expuesto anteriormente en este trabajo, existe una marcada diferencia entre la ontogénesis de la conducta de los primates, y en especial la de los chimpancés, con la del resto de los mamíferos. En estos póngidos los elementos culturales de su conducta, como veremos con detalle a continuación, son de una importancia trascendental en la configuración de su amplio complejo comportamental, que bien podríamos calificar de humanoide.

El etólogo Kummer es quien nos facilita el concepto más conciso de «conducta cultural» en los primates no humanos. Según este autor, la adaptación de los primates superiores (y de todos los seres vivos) se lleva a cabo en dos direcciones: 1) mediante la lenta y gradual modificación del genotipo, es decir por adaptación filogenética; y 2) a través de adaptaciones individuales al entorno ecológico (que es siempre cambiante), por adaptación ontogenética. Estas adaptaciones ontogenéticas deben subdividirse a su vez en: *a*) las modificaciones resultantes de la acción de factores tales como: el clima, la geología, la presión predatoria, la interferencia humana, etc; y *b*) las modificaciones sociales provocadas por individuos que integran el grupo. Cuando tales cambios sociales y culturales se difunden y perpetúan durante varias generaciones, entonces, según este autor, es lícito hablar de cultura (H. Kummer, 1971).

El mencionado investigador suizo define la «protocultura» de los primates como variantes de la conducta provocadas por modificaciones sociales; éstas originan «personalidades» distintas, las cuales, a su vez, modifican la conducta de otros congéneres. Kummer opina que los factores sociales en la adaptación ontogenética del comportamiento son mucho más trascendentes que los simplemente ecológicos; en consecuencia, el estudio de la cultura elemental de los primates tiene una importancia primordial en el conocimiento de estas poblaciones animales.

73

Esta «protocultura» es preciso dividirla en: material y social. Esta última referida a la conducta social en un sentido amplio, que integraría la comunicación, la cooperación, los hábitos alimenticios, las estrategias de caza, los desplazamientos, la construcción de nidos o camas para descansar durante la noche, etc.; y lo material, referente tanto a la modificación y el uso de objetos naturales como herramientas, como el simple uso de los mismos. La protocultura material de los chimpancés, que es la única realmente trascendente, ha sido estudiada, como ya hemos visto en la Introducción de este trabajo, por diversos autores: J. van Lawick-Goodall (1970) y B. Beck (1975) hacen un resumen global de todos los descubrimientos realizados hasta el año 1975, siendo el trabajo de Beck específico de los primates.

Respecto a la «cultura social» o a la «conducta cultural» de los primates opinamos que es muy conveniente reseñar los estudios pioneros que referente a esta temática realizaron los psicólogos japoneses; los citados descubrimientos han pasado a ser clásicos en todos los modernos tratados, tanto de psicología como de antropología.

En septiembre de 1953, S. Kawamura (1954) observó por primera vez, en la isla japonesa de Koshima, cómo la hembra de *Macaca fuscata F-111*, de 15 meses de edad, lavaba en la orilla del mar y con ambas manos varias de las patatas que como ración alimenticia se suministraban regularmente a la colonia de macacos japoneses que viven, en estado natural, en la mencionada isla. Otra observación, en noviembre de 1954, señaló que el macho *M-10*, de 1 año de edad, también había aprendido a lavar las patatas antes de comerlas. En enero del año siguiente, otro macho, el *M-12*, y también la hembra *F-105*, madre de *F-111*, descubridora de esta «cultura», lavaban regularmente estos tubérculos antes de comerlos; eran, pues, cuatro los individuos que en el primer mes del año siguiente lavaban usualmente este alimento antes de consumirlo.

En el año 1957 eran 15 los animales que conocían esta

técnica, y en 1962, con una población total de 59 individuos, 36 de ellos lavaban regularmente las patatas; ello representaba un 73,4 % de la población total.

El citado autor comprobó que la dinámica de este
aprendizaje seguía una línea que se iniciaba en un individuo infantil, pasaba a sus compañeros de juegos de la misma edad, luego a las madres de los mismos y después a las
hembras subadultas; los machos adultos eran los últimos
en aprender y algunos de ellos no llegaban nunca a adquirir esta nueva conducta.

El mismo autor observó también cómo la misma hembra *F-111*, en otra ocasión, recogía puñados de trigo que se
hallaban mezclados con la arena de la playa (conjuntamente con las patatas se alimentaba también a estos monos con
trigo hervido) y los dejaba flotar en el mar logrando así,
por decantación, separar estos granos de la arena. Esta habilidad siguió una línea de difusión «cultural» similar a la
que hemos descrito anteriormente; se demostró otra vez
que estas nuevas conductas siempre son adquiridas por los
jóvenes del grupo y que pasan posteriormente a los individuos adultos mediante la dinámica de las relaciones sociales, siendo el juego el vehículo propagador entre los jóvenes. Este contexto cultural marino modificó la conducta de
estos animales; muchos aprendieron a nadar y hasta bu-
cear para lograr alimentos nuevos.

Después de la visión general que nos da un ejemplo de
la «cultura social» de unos primates es necesario, para concluir, hacer un pequeño compendio sobre la «cultura material» de los primates más singulares, los chimpancés, y de
éstos la de los que viven en la región de Gombe, en Tanzania occidental, por ser los más estudiados y, en consecuencia, los más conocidos.

No obstante, el resumen que sigue a continuación no se
referirá a la *ergología*, es decir, a la simple descripción de
los instrumentos o manufacturas que integran la «cultura
material», toda vez que ya ha sido convenientemente ex-

puesto en el apartado «Material y método», sino que nos referiremos, de forma sucinta, a la dinámica de estas herramientas, es decir, a su estricta funcionalidad dentro de la «cultura material chimpancé», más sofisticada.

Las herramientas de los chimpancés se emplean para: *machacar*, alimentos o materiales sólidos; *romper*, huesos, caracoles, etc.; *examinar* alimentos u objetos desconocidos que sería peligroso tocar directamente con la mano; *apalancar* objetos para moverlos o abrirlos, o abrir termiteros; *hurgar* al objeto de expulsar insectos, gusanos, etc.; *cavar* hoyos, canales, agujeros, remover la tierra para comerla; *absorber* agua o líquidos orgánicos por empapamiento; *recoger* agua; *limpiar* el cuerpo, el alimento, etc.; *ahuyentar* insectos; *asustar* congéneres o bien al hombre; *arrojar* objetos como proyectiles en actividades agonísticas, lúdicas, etc.

Acabamos, pues, de exponer un panel de actividades todas ellas vinculadas con la «cultura material» del chimpancé que sólo otro primate, el hombre, puede superar.

El chimpancé ocupa, sin duda alguna, un verdadero lugar de privilegio dentro de la escala evolutiva. Al objeto de documentar convenientemente esta problemática, expondremos a continuación las más recientes teorías sobre la evolución del hombre y de los póngidos; éstas aportarán nuevos argumentos a favor de la proximidad conductual de ambas especies.

E. Filogénesis del chimpancé y del hombre

A finales del Mioceno aparecen en el Viejo Mundo (Asia, Europa y África) varias formas de un primate grácil cuyo tamaño era similar al del actual chimpancé pigmeo y cuya capacidad craneal era de unos 300 cm^3. Esta especie ocupaba, seguramente, gran parte del África central y oriental, ya que se han encontrado sus restos en varios lugares de Kenia (isla de Rusinga en el lago Victoria).

Durante el Plioceno (mapa 4) un intenso período pluvial

provoca un gran aumento del caudal de todos los ríos africanos y su desbordamiento en las zonas bajas con las consiguientes áreas inundadas, las cuales se transformaron en lagos y pantanos permanentes durante varios milenios. En el centro de la gran cubeta congoleña el desbordamiento del Congo y de sus afluentes configuró el gran lago Busira, que perduró hasta el Holoceno (véase mapa 4).

En aquella misma era una gran actividad tectónica ocasionó la formación, por hundimiento, de una gran falla tectónica (*graben*) que discurre a lo largo de todo el África oriental, desde Etiopía hasta Rodesia. Esta enorme «fisura», que se conoce con el nombre de «gran *rift* africano», se inundó, seguidamente, por las intensas lluvias de la época,

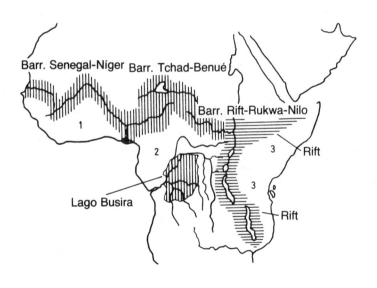

MAPA 4. Mapa paleogeográfico de África explicativo del proceso de la hominización: el área 1 sería la de la evolución de los chimpancés; el área 2, la de la evolución de los gorilas; y el área 3, la de la evolución del hombre (según Kortlandt)

77

originándose la cadena de los actuales grandes lagos africanos (Rodolfo, Alberto, Victoria, Kivu, Tanganika, Nyassa, etc.). El aumento de peso que suponía este acúmulo de agua y movimientos de asentamiento tectónico complejos provocaron, por retroacción, el levantamiento, en el mismo borde de la falla, de una serie de cadenas montañosas y de volcanes: Ruvenzori, Virunga, Kilimandjaro, Kenia, etc.).

Así pues, a mediados del Plioceno toda esta actividad, tanto meteorológica como tectónica, configuró un sistema de barreras naturales hídricas y orográficas que dividieron el continente africano, al norte del Ecuador, en tres grandes compartimientos.

Al norte y al este, el Senegal, el Níger y un sistema de lagos y pantanos (lago Araoune) actualmente secos, formaban una barrera totalmente infranqueable para estos antiguos primates que, al igual que los actuales, es de suponer no sabían nadar; este primer compartimiento quedaba cerrado al sur por el mar.

En el centro el Benué, el Logone y la entonces inmensa cuenca lacustre del Tchad formaban, en el norte de este segundo compartimiento, otro valladar infranqueable. Al este, este espacio quedaba cerrado, también, por la barrera orográfica del *rift*, con sus elevadas cordilleras, precipicios y grandes lagos, y, al sur, por las aguas del gran lago o mar congoleño de Busira (mapa 4).

Finalmente, al este quedaba el área más dilatada y más rica en ecosistemas (selvas densas, sabanas herbáceas, sabanas arbustivas, altas montañas, etc.); ésta limitaba al norte con el *rift* etíope, al oeste con la cadena de los grandes lagos, el macizo del Ruvenzori y el *rift* albertino, y, al sur, la cuenca del Zambeze cerraba, en el hemisferio austral, este sistema natural (mapa 4).

A. Kortlandt (1972) en un importante trabajo opina que la población de dryopitecinos que quedó atrapada dentro de esta gran red de accidentes naturales, al no poder cruzarse entre sí, fue especiándose lenta y paulatinamente en función de una mejor adaptación a los ecosistemas que los cobijaban, en consecuencia, de manera distinta en cada uno de los tres compartimientos.

A. Kortlandt (1972), J.D. Clark (1970) y otros antropólogos opinan que es sin duda a partir del estado primitivo dryopitécido que por evolución se llegó a la forma hominoidea australopitécida, precisamente en el área 3 (mapa 4) por ser esta área, como ya hemos comentado anteriormente, la más rica en biotopos.

En el área 2, según Kortlandt, se originó el gorila, mientras que en la más occidental, es decir la 1, lo hacía el chimpancé; ambas formas, al igual que la de los homínidos, a partir del tronco común dryopitécido.

En cuanto al chimpancé, por haber evolucionado seguramente en un área de ecosistemas muy variados (selva, sabana, montañas), emerge con unas capacidades afines a los de los ancestros humanos (australopitecinos).

Con el advenimiento del Pleistoceno, las lluvias decrecen notablemente y la temperatura aumenta, lo que trae como consecuencia un notable proceso de desecación. Los ríos disminuyen su caudal y los lagos y zonas pantanosas se van secando paulatinamente, provocando la desaparición de parte de las grandes barreras hídricas que configuraban las tres grandes áreas a que nos hemos referido. Los homínidos (australopitecinos y la discutida forma *Homo habilis*) pronto penetran en las zonas inmediatas y lo mismo hacen las formas protochimpancés, mientras que los protogorilas, menos dinámicos, van quedando cada vez más arrinconados en el interior de sus biotopos de selva densa, reduciéndose, así, su área de distribución y posibilidad evolutiva en la línea humanoide.

A. Kortlandt y J.C. van Zon (1969) sostienen que los homínidos, al entrar en contacto directo con las formas protochimpancés en lugares de sabana abierta, y, toda vez que ambas especies explotaban los mismos econichos naturales, forzosamente entraron en competencia. Cuando los homínidos inventaron algún tipo efectivo de arma arrojadiza, lo que permitía agresiones a distancia, los chimpancés tuvieron que replegarse dentro de la selva densa, donde perdieron, lentamente, parte de sus capacidades instrumentales y quedó malparada la posibilidad evolutiva de la especie (al menos en la línea humana), toda vez que la selva densa es muy pobre en estímulos.

A. Kortlandt (1965), con el objeto de comprobar la teoría que acabamos de exponer, llevó a cabo dos interesantes experimentos. El primero lo realizó en una localidad de la selva densa (región de Beni) en la actual República de Zaire. Colocaron un leopardo disecado que podía ser accionado eléctricamente a distancia en un paso obligado de los chimpancés dentro de la selva; estos animales al enfrentarse con el mencionado animal quedaron perplejos y tardaron bastante en reaccionar, luego buscaron ramas que intentaron usar a guisa de garrotes, pero la acción se llevó a cabo con torpeza y escasa efectividad; otros chimpancés arrojaron piedras con muy poca precisión y mediante un movimiento lateral del

Figura 13. Chimpancé del bosque lanzando piedras de manera inapropiada. El animal procede mediante un movimiento lateral del brazo y de la mano; la puntería es generalmente mala

Figura 14. Chimpancé de sabana lanzando piedras de manera adecuada. El animal lleva a cabo un ligero movimiento de arriba abajo siguiendo el eje del cuerpo; esta técnica de lanzamiento, también conocida de los humanos, permite una buena puntería

brazo y la mano, al igual como lo hacen las mujeres occidentales sin experiencia en estas actividades (figura 13). Ello apoyó su teoría de que los chimpancés de la selva han perdido gran parte de sus capacidades instrumentales, especialmente en contextos de tipo agonístico.

En otra prueba que el experimentador realizó con el mismo leopardo mecánico en la sabana de Malí, en el África occidental, los resultados filmados por el autor en una película que ya es clásica en etología, fueron muy distintos. Aquí los chimpancés emplearon garrotes como verdaderas armas y atacaron al leopardo en posición bípeda y mediante movimientos iguales a los de los humanos en contextos agonísticos, es decir con bastones y piedras; las piedras fueron arrojadas mediante la técnica de lanzamiento alta, es decir, con el movimiento del brazo de arriba abajo como lo

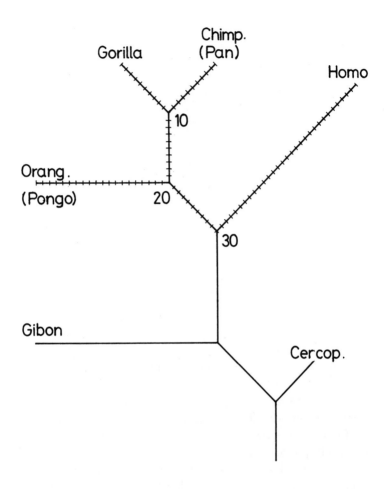

⊢ 1.000 000 años

FIGURA 15. Árbol filogenético de los póngidos y del hombre según la paleontología clásica. La separación del hombre del tronco de los póngidos sería de unos 30 millones de años

82

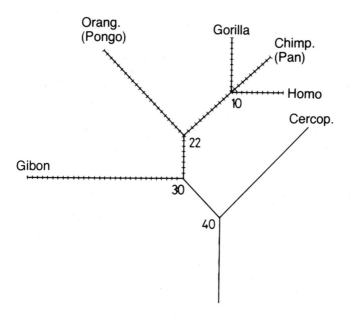

⊢ 1.000.000 años

FIGURA 16. Árbol filogenético de los póngidos y del hombre en función de estudios recientes de las proteínas hemáticas de estas especies. Desde el punto de vista bioquímico, y seguramente también genético, nuestra separación sería de unos 10 millones de años (Sarich, Goodman, King y otros) según Kortlandt

hacen los humanos y que es el único sistema que permite precisión (figura 14). El leopardo recibió varios impactos de piedras y diversos golpes que lo destrozaron totalmente. Los chimpancés de sabana conservaban, en consecuencia, una tecnología instrumental más avanzada y más similar a la de los protohomínidos que, en el lejano Plioceno, entraron en competencia con ellos.

Las figuras 15 y 16 reproducen dos versiones de la filogénesis del hombre y de los póngidos. La de la gráfica 15, que es la clásica, se refiere al árbol filogenético humano según A. Schultz (1966); muestra que la separación de los póngidos del tronco homínido se llevó a cabo hace unos 30 o 35.000.000 de años. Por el contrario, la versión de la gráfica 16, más moderna y en consonancia con las teorías de la llamada Escuela de Berkeley (Universidad de California) y del «reloj bioquímico», sostiene que esta separación se podía haber realizado entre 12 y 10.000.000 de años (S.L. Washburn, 1968). Esta nueva hipótesis, que cada día goza de más adeptos, está basada en sólidas argumentaciones paleogeográficas, geológicas, bioquímicas, conductuales y genéticas (J. Egozcue, 1973).

En cuanto a las argumentaciones bioquímicas, que son muy importantes para explicar la escasa separación biológica existente entre el hombre y el chimpancé, como especie más próxima a nosotros, son M. Goodman (1962), M.C. Sarich y A.C. Wilson (1967) y M.C. King y A.C. Wilson (1967) quienes, después de realizar estudios comparativos de las macromoléculas de los humanos y de los chimpancés, han llegado a las siguientes conclusiones:

1) Un 99 % de los polipéptidos humanos son iguales a los del chimpancé.

2) La mayoría de las diferencias entre los nucleótidos de ambas especies pueden ser adscritas a simples redundancias en el código genético.

3) La distancia genética entre el hombre y el chimpancé es muy pequeña si la basamos en la comparación electroforética de sus proteínas y correspondería a la distancia existente entre especies hermanas.

4) Unos pequeños cambios genéticos en los sistemas que controlan la expresión de los genes pueden explicar las diferencias orgánicas y conductuales que existen entre el hombre y el chimpancé; algunos de estos cambios podrían

ser el resultado de la simple reorganización de los genes dentro de los cromosomas, más que de las mutaciones.

5) Las cadenas de hemoglobina del hombre y del chimpancé tienen también las mismas secuencias.

Todas estas constataciones de tipo básicamente genético y hemático, más otros valores obtenidos a partir de distintas variables orgánicas de ambas especies, han permitido la elaboración de un denominado «reloj bioquímico» que, partiendo de un valor cero, que correspondería al momento de la separación del grupo de los póngidos (chimpancé) del de los homínidos, dió, en un primer momento y a tenor de cálculos distintos, la cifra aproximada de 12-10.000.000 de años, que opinaban era la «distancia bioquímica» que nos separaba de nuestros parientes biológicos más próximos (chimpancés y gorilas).

Estudios posteriores, más precisos, sitúan esta distancia entre 7-5 millones de años, señalando que el chimpancé está más cerca del hombre que del gorila en la escala filogenética.

F. Esquema psicológico del chimpancé

Todo lo que hemos expuesto contribuye, paulatinamente, al conocimiento del chimpancé, especialmente en el sentido de capacitarnos para poder ubicarlo dentro de un modelo general evolutivo que englobaría tanto los parámetros de la escala estrictamente biológica, como los inherentes a su conducta.

La moderna etología, lejos ya de sus pioneros Lorenz y Tinbergen, y siguiendo a Kortlandt, Van Hooff y Hinde, ha estimado que la taxonomía zoológica debe de tener en cuenta, forzosamente, el «etograma» de la especie, es decir, el inventario de sus pautas fijas de comportamiento, agrupadas en secuencias significativas dentro de un orden conductual afianzado en lo que podríamos denominar «anclaje empírico». Por ejemplo, todas las pautas fijas que configuran la parada nupcial de un ave determinada, se aúnan mediante el «anclaje empírico», siempre inequívoco, que representa la cópula. El grupo de secuencias conductuales que integran, por ejemplo, la conducta agonística, es decir agresiva, de los papiones de la sabana herbácea (*Papio doguera*) se relacionan formando una unidad mediante el «anclaje empírico» que queda patentizado por la agresión directa (mordisco con pérdida de sangre, mordisco y fuga rápida del lesionado, etc.).

Estas familias de pautas secuenciadas, que se ha comprobado tienen una relación matemática, abren nuevas y sólidas perspectivas a una futura taxonomía conductual sobre la que varios etólogos están ya trabajando; su interés estriba en que permiten, en muchas ocasiones, hacer previsiones conductuales.

En el caso de especies tan evolucionadas como el chimpancé, y cuya conducta está fuertemente influenciada por sus «paraculturas», la obtención de su etograma es una tarea ardua y extraordinariamente difícil que sabemos acaban de iniciar algunos psicólogos (J.R. van Hooff, 1971); otros psicólogos intentan llevar a cabo el etograma del hombre (I. Eibl Eibesfeldt, 1974). No disponiendo pues de los etogramas del hombre y del chimpancé, lo que nos permitiría poder llevar a cabo el estudio comparativo tanto cualitativo como cuantitativo de la conducta de ambas especies, y partiendo de la premisa de que el género *Pan* es el término de una línea filética conservadora que retiene, de un modo general, todas las facies conductuales de los hominoideos (véase figura 1), mientras que el hombre es, tanto desde el punto de vista anatómico como del referente a su conducta, el hominoideo más divergente de esta superfamilia (M.C. King y A.C. Wilson, 1967), hemos pensado que podríamos tener un conocimiento de las capacidades «homínidas» del chimpancé si investigábamos las «facies conductoculturales» compartidas por ambas especies («facies» podría tener también el sentido de capacidades); éstas configurarían lo que podríamos denominar el «modelo con-

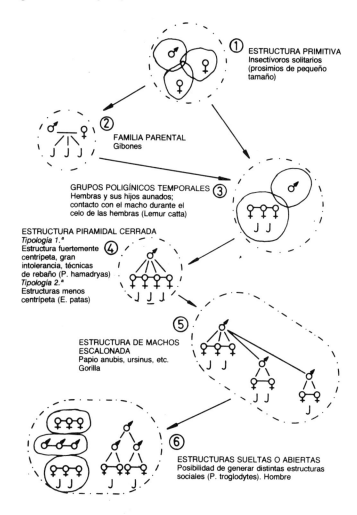

FIGURA 17. Gráfica explicativa de la tipología de las sociedades de primates. Los chimpancés se hallan integrados en unidades sociales abiertas o sueltas que les permiten, al igual que al hombre, generar diversos tipos de estructuras sociales en función de variables ecológicas y hasta psicológicas

ducto-cultural homínido-póngido», que posiblemente ya era patrimonio de los dryopitecinos, y que lo fue de los homínidos y de algunos póngidos fósiles y lo es del hombre y de varios póngidos actuales (véase figura 1).

G. El modelo conducto-cultural hominoideo

El referido modelo constaría de las facies o elementos integrantes siguientes:

1) Capacidad para el conocimiento del esquema corporal. Noción de la muerte.

2) Capacidad comunicativa a nivel emocional y proposicional.

3) Capacidad para el uso y fabricación de simples herramientas.

4) Capacidad para la actividad cooperativa, caza y distribución de alimento entre adultos.

5) Capacidad para mantener relaciones familiares estables y duraderas a nivel de madre-hijos-nietos.

6) Capacidad para mantener relaciones sexuales no promiscuas, evitación del incesto primario.

7) Capacidad estética.

G.1. *Capacidad para el conocimiento del esquema corporal. Noción de la muerte*

Los animales se comportan ante la reflexión de su imagen en un espejo como si se tratara de otro individuo (R. Yerkes y A.W. Yerkes, 1929). Personalmente hemos comprobado en nuestras investigaciones en el África central las dificultades que deben superar los pueblos primitivos para poder interpretar que la imagen que les refleja el espejo es realmente la suya.

88

G.G. Gallup (1970), G.G. Gallup y M. McClure (1971) han comprobado experimentalmente, en varios grupos de chimpancés, que después de 72 horas, en 9 días consecutivos de estar expuestos ante un espejo, los animales dejaban de responder agonísticamente ante su imagen reflejada por el mismo e iniciaban un reconocimiento de las partes inferiores y posteriores de sus cuerpos que no podían ser observadas normalmente.

Estos mismos psicólogos llevaron a cabo una prueba experimental que consistía en marcar, con una pintura especial, algunas partes de la cara de los chimpancés previa anestesia de los mismos; después de recuperados, estos animales eran colocados ante un espejo y lo primero que se tocaban era precisamente estas manchas coloreadas que se les habían pintado en diversos lugares de la cara y que no eran visibles sin la ayuda de un espejo.

Varios investigadores han llevado a cabo estos mismos experimentos con otras especies de primates (*Macaca, Papio*, etc.), siendo los resultados totalmente negativos después de más de 1.000 horas de permanencia ante el espejo, prolongada durante varios meses.

Gallup también ha comprobado que el reconocimiento ante el espejo precisa de un previo conocimiento del esquema morfológico de la especie, es decir, de lo que podríamos definir como «referencia mental» a que remitirse para cotejar la validez de la información recibida. Los chimpancés criados en condiciones de aislamiento no saben reconocerse ante el espejo; ello también sucedería a los humanos criados en condiciones similares. Como veremos a continuación, en el capítulo dedicado a la capacidad lingüística del chimpancé, cuando Gardner situó por primera vez a su inteligente chimpancé *Washoe* ante el espejo, éste calificó la imagen reflejada de «sabandija negra», por tratarse de algo insólito, que nunca había visto y le daba miedo; para adquirir este conocimiento hace falta un entrenamiento prolongado.

En el Parque Zoológico de Barcelona hemos llevado a

cabo estos experimentos con algunos gorilas y los resultados han sido también negativos.

Gallup, en sus escritos, estima que existe una diferencia decisiva entre el chimpancé y los primates cercopitecoideos; nuestras investigaciones iniciales parecen señalar que esta diferencia podemos extenderla a los gorilas, si bien son necesarias más pruebas; es una lástima que no se posea información sobre el orangután, que es el antropoide más divergente de la familia *Pongidae*.

El autorreconocimiento ante el espejo requiere una forma avanzada de intelecto, toda vez que los hombres primitivos tienen dificultades para reconocerse y parece ser que algunos retrasados mentales y los esquizofrénicos agudos, según G.G. Gallup (1970), carecen también de esta capacidad. Esta importante capacidad es un primer paso hacia la conciencia del yo, que sólo, de momento, podemos atribuir, con plenitud, al hombre, y, en mucha menor escala, al chimpancé.

Los antropólogos opinan que la posibilidad de alguna conciencia del yo debe involucrar, de alguna manera, la idea de la muerte; esta temática que ha apasionado a la psicología no ha sido estudiada en los animales. A. Marshack (1972) describe algunas formas de posible conducta humana ante la muerte de los hombres del Auriñaciense, hace 35.000 años; D. Pilbeam (1972) estima, por otra parte, que alguna idea de la muerte ya debía estar presente en el *Homo erectus*, hace 500.000 años.

El establecimiento en la Reserva de Gombe de un Centro de Investigación Primatológica dependiente de la Universidad de Cambridge, ha permitido llevar a cabo una infinidad de estudios referentes a la conducta de los chimpancés en la naturaleza y poder observar a estos animales en gran parte del complejo conductual que integra su vida natural.

El antropólogo británico G. Teleki (1973) observó, en la citada reserva natural, cómo un chimpancé joven que formaba parte de un grupo de 16 ejemplares moría al caer, accidentalmente, desde el ramaje de un árbol muy alto; inmediatamente el grupo se reunió cerca del cadáver profiriendo unos gritos ululantes que estos primates sólo emiten en momentos de extremo desasosiego. Posteriormente iniciaron una exploración minuciosa del mismo; algunos animales le levantaron la cabeza y observaron con detalle el cuello de la víctima que era donde se patentizaba una pequeña herida abierta. Esta actividad duró varias horas y era seguida, de forma intermitente, por secuencias de intenso griterío y agitación. Finalmente, al anochecer, el grupo abandonó lentamente los restos, que fueron recogidos por los investigadores del Gombe Stream Research Center al objeto de proceder a su autopsia. Observamos también esta conducta, ante una muerte repentina, en los chimpancés del Zoo de Barcelona.

Según Teleki, el análisis de la conducta por él observada revela que:

1) Los animales adultos producen respuestas más intensas, pero más cortas, que los demás integrantes del grupo.

2) Los ejemplares jóvenes tienen un interés más prolongado si bien sus respuestas son menores.

3) Los *siblings* del difunto fueron quienes mostraron un interés más marcado por los restos.

4) Se constataron en este contexto, los gritos ululantes; estas vocalizaciones sólo son emitidas en circunstancias muy específicas de gran desasosiego o intensa emoción.

Esta conducta descrita parece señalar un conocimiento del cambio ocurrido, quizás a partir del contraste patente entre un estado de actividad y otro de total inactividad, y de falta de respuestas ante estímulos que deben desencadenar, forzosamente, conductas determinadas. No obstante, no debemos descartar el conocimiento de alguna forma de razonamiento cognoscitivo que podría formar parte del «modelo hominoideo» a que nos hemos referido; éste podría existir en esta especie como elemento integrante de su acervo genético a partir de niveles muy antiguos, quizás como integrantes del estadio dryopitecino, como insinúa D. Pilbeam (1972).

Si bien comprendemos que es aventurado formular hipótesis a partir de pocos datos, como conocedores del chimpancé intuimos que esta especie tiene capacidad para comprender, de algún modo, este cambio.

Esperamos que los investigadores de Gombe Stream tengan la oportunidad de poder trabajar más sobre este apasionante tema.

G.2. *Capacidad comunicativa a nivel emocional, proposicional y abstracta*

En los últimos diez años se han llevado a cabo experimentos revolucionarios en el campo de la comunicación animal. R.A. Gardner y B.T. Gardner (1969, 1970 y 1971), ambos psicólogos de la Universidad de Nevada, enseñaron al chimpancé hembra *Washoe* de 14 meses de edad, el lenguaje gestual que aprenden los sordomudos americanos (A.S.L.); el motivo fue que los intentos que se habían llevado a cabo anteriormente para enseñar a estos primates un lenguaje vocal humano habían fracasado debido a la incapacidad funcional de esta especie para la articulación fonal. El haber escogido este sistema tiene, también, su punto de partida en las teorías de G.W. Hewes (1971), según las cuales el lenguaje humano tiene un origen gestual, en consecuencia la gesticulación podría ser una capacidad compartida por todos los hominoideos desde el Plioceno.

Cuatro años después del adiestramiento, *Washoe* conocía perfectamente 106 signos; entendía bien los referentes a *tú* y *yo* y podía expresar deseos como *tú, yo, fuera*. Es interesante saber que mediante el signo *tú* denominaba a personas desconocidas, lo que demostraba capacidad para la generalización. Sabía utilizar la palabra *lo siento* en contextos adecuados como: *por favor, lo siento; lo siento, ven abrazar Washoe; yo, lo siento.*

Los esposos Gardner permitían a su alumna que inventara signos nuevos como: *para abrir, para comer, para beber* = frigorífico.

El día en que *Washoe*, de manera espontánea, usó el signo cepillo de dientes para denominar, de manera generalizada, a cualquier cepillo de dientes, fue un gran paso dentro del plan experimental y demostró que *Washoe* estaba capacitada para generalizar en el mundo de los objetos.

Washoe estaba siempre muy interesada en las revistas infantiles y mientras miraba las ilustraciones solía comentarlas con los Gardner, cuando aparecía la figura de un gato o un felino hacía el signo *gato*, cuando se trataba de una botella el signo era *para beber*.

Posteriormente *Washoe* fue transferida a la Universidad de Oklahoma e introducida en un grupo de jóvenes chimpancés que conocían algunos rudimentos del A.S.L. Hewes, que estudiaba este grupo, estimó que el traslado no supuso ninguna regresión en el aprendizaje de *Washoe*; éste fue decisivo para mejorar el nivel lingüístico de sus compañeros.

En este nuevo contexto, *Washoe* no se limitaba a asumir un papel pasivo, sino que también tomaba la iniciativa. En una ocasión una serpiente sembró el pánico entre esta familia de chimpancés, *Washoe* se enfrentó con el reptil antes de escapar y le increpó así: *vete, escapa rápido.* En otra ocasión, dirigiéndose al instructor y refiriéndose a un perro que ladraba le dijo: *oye, perro ladra.* Estos últimos mensajes, puramente de tipo proposicional, son, según el lingüista G. Mounin (1976), muy interesado en esta problemática, mucho más trascendentes en la comunicación de estos primates que la existencia de adjetivos, verbos, pronombres o interrogantes; según el mencionado autor, estos mensajes aproximan notablemente la comunicación gestual de *Washoe* a lo que entendemos por lenguaje humano.

Simultáneamente con estos experimentos, otro psicólogo, D. Premack (1969, 1970, 1972) enseñó a la hembra de chimpancé *Sarah*, de 6 años de edad, en la Universidad de Santa Bárbara de California, un sistema de comunicación basado en unas piezas de plástico de formas y colores distintos, pero siempre arbitrarios en cuanto a la relación significado-significante, es decir que las piezas no guardaban ninguna relación formal con el objeto que representaban; un triángulo azul, por ejemplo, representaba una manzana, mientras que un cuadrado rojo significaba una banana. *Sarah* aprendió a servirse de estas piezas para solicitar tal o cual fruto, luego aprendió verbos como dar, lavar, venir, etc., y adjetivos como grande, pequeño, etc., así como nociones más complejas como «parecido» o «distinto» en frases como por ejemplo: *manzana similar banana, manzana diferente banana.*

Toda vez que el lenguaje es un reflejo de la forma de pensar, Premack ha pretendido saber si *Sarah* piensa. En cierta ocasión, le solicitó que describiera una manzana mediante las piezas de plástico y el animal lo llevó a cabo perfectamente: *redonda, roja, dulce, buena* fue su definición. En otra ocasión y mediante el material lingüístico a su disposición se le invitó a que describiera un fruto que no estaba presente, y el resultado fue perfecto. Un día que vio un pato, por primera vez, ella misma inventó su denominación: *pájaro agua*; se trata de un caso similar al de *Washoe* al inventar la locución para describir la nevera.

Últimamente, en el Yerkes Primate Center de la Universidad de Emory en Atlanta, Estados Unidos, un equipo de investigadores bajo la dirección del psicólogo Rumbaugh está estudiando la capacidad de producción lingüística y sintáctica del chimpancé empleando para ello a la joven hembra de esta especie conocida con el nombre de *Lana* (D.M. Rumbaugh y T.V. Gill, 1976).

El método empleado es un sistema de computadoras ideado para esta investigación por el ingeniero Warner. Inicialmente el teclado de la máquina constaba de 50 botones, cada uno de los cuales disponía de una señal arbitraria que correspondía a una palabra concreta o bien a una orden expresa; posteriormente se ha aumentado el teclado hasta 200 pulsaciones.

Para este sistema de comunicación los referidos investigadores han creado un lenguaje original, lógico y simplificado, bautizado con el nombre de «yerkish» en recuerdo del que fue fundador del Centro de Primates a que pertenecen. El sofisticado sistema electrónico de la computadora permite la formación, mediante un sistema combinatorio, de 1.000 lexigramas o palabras del «yerkish». Una patente ventaja de este sistema electrónico es que todas las conversaciones quedan perfectamente registradas, lo que posibilita su posterior análisis crítico.

Lana pronto aprendió a formar frases simples como «máquina entrega leche o agua», etc., más la señal *período* que indica el final de la frase. Este chimpancé también fue entrenado en el uso correcto de las palabras *sí* y *no*. A los siete meses de entreno su mantenimiento, estímulos sociales y ambientales, dependían, totalmente, de la computadora, y era capaz de iniciar conversaciones con cualquier interlocutor entrenado en el manejo del «yerkish». *Lana*, entonces, ya estaba capacitada para conocer si una frase era sintácticamente correcta o incorrecta y, espontáneamente, preguntaba el nombre de los objetos nuevos que se le presentaban. Posteriormente, aprendió el color de los objetos y el valor de los conceptos «igual» y «distinto». Finalmente, ha sido sometida a «tests intermodales cruzados» cuya resolución precisa del análisis crítico resultante de la conjugación de la información facilitada por varias vías sensoriales. Sabemos, por ejemplo, lo que es una manzana no sólo por su forma y color, sino, también, por su tacto, sabor y olor; la prueba consiste en exigir al animal la solución de un problema de este tipo, presentándole el material bajo unas condiciones anómalas que hagan su recono-

cimiento difícil y precise del uso de diversos canales sensoriales.

Estos apasionantes experimentos prosiguen con el mayor entusiasmo y cada año nos deparan nuevas y estimu-
lantes sorpresas.

Sabemos también que una psicóloga norteamericana de
la Universidad de Stanford, en California (F.G. Patterson,
1978), enseñó al gorila *Koko* el lenguaje de los sordomudos
americanos A.S.L., al igual que hizo Gardner con el chimpancé *Washoe*. Según los estudios publicados, los resultados parecen alentadores, lo que indicaría que la capacidad
lingüística del gorila sería parecida a la del chimpancé; no
obstante, las conclusiones son todavía dudosas, por lo que
es muy aventurado hacer pronósticos sobre esta investigación que, posiblemente, una exagerada divulgación ha des-
orbitado su trascendencia y validez científica.

G.W. Hewes (1971) opina que el chimpancé tiene capacidad para utilizar un sistema de comunicación muy similar al de los humanos, toda vez que cumple los requisitos
siguientes:

1) Tiene carácter simbólico y convencional.

2) Los signos tienen función directiva, es decir, unos
influyen sobre los otros (adjetivo, sustantivo).

3) Tienen marcada intencionalidad en situaciones sociales.

4) Tienen capacidad de ordenación y reordenación en
función del sentido esperado (si, entonces).

J.S. Bronowski y U. Bellugi (1970) comparten la misma
opinión; según ellos en estos sistemas comunicativos se
cumplen las condiciones mínimas que estiman son atributo
del lenguaje humano:

1) Existencia de un lapso entre el estímulo y la expresión.

2) Prolongación de la referencia.
3) Internalización.
4) Capacidad reconstitutiva.

Los experimentos que acabamos de describir han originado una gran polémica al centrarse en el aspecto más marginal pero el más antropocéntrico de su temática: la definición de lo que se entiende por lenguaje (humano) y comunicación (animal).

Hewes, Mounin y otros estiman que se trata de discusiones bizantinas preñadas de emotividad, mientras que lo que realmente interesa es la valoración objetiva de los hechos y su aportación a los campos de la psicología, la antropología, la lingüística y la primatología.

G. Mounin (1976) opina que estos importantes estudios nos conducen hacia la explicación de una gradación continua entre las distintas formas sucesivas de comunicación animal y el lenguaje humano, y contribuirán a borrar, lentamente, la idea antropocéntrica del corte radical entre ambos sistemas de comunicación.

Según E.H.. Lenneberg (1964) y N. Chomsky (1970) el lenguaje humano tiene un origen genético, y considerando la posible vinculación biológica a niveles de Plioceno del género *Pan* con el género *Homo*, esta «capacidad» podría encajar, también, dentro del modelo conductual a que nos hemos referido anteriormente.

G.3. *Capacidad para el uso y la fabricación de simples herramientas*

Se trata de la temática central de este trabajo, y que ya se ha ido exponiendo y estudiando con detalle en el decurso del mismo.

G.4. *Capacidad para la actividad cooperativa. Caza y distribución de alimento entre adultos*

Podemos definir la cooperación como de «participación a una obra común» o como de «comunidad de esfuerzos e intereses»; en ambos casos este concepto comporta dos realidades diferentes pero íntimamente complementarias: participación en la obra, o poder participar en los beneficios o provechos del resultado del trabajo.

El desarrollo temporal de una actividad cooperativa debe pasar, forzosamente, por una primera etapa que sería la de tomar parte en una actividad que exige la asociación a un grupo, y coordinar los esfuerzos con el mismo hasta el logro de un determinado objetivo; la segunda etapa sugiere, implícitamente, la distribución del provecho que ha resultado del trabajo en común.

Este esquema es válido para los tipos de conducta cooperativa en que los sujetos trabajan conjunta y simultáneamente, o bien lo hacen alternativamente, y, también, en los que la distribución se lleva a cabo para el provecho común, o bien en los que uno se aprovecha de la labor del otro.

M.P. Crawford (1963) inició el estudio de la capacidad cooperativa de los chimpancés colocando a una pareja de estos animales en una situación experimental en que, para la obtención del alimento, debían trabajar forzosamente conjuntamente (retirar, por ejemplo, una gran piedra debajo de la cual se encontraba un alimento muy apetecido); estos animales lograron su objetivo sin grandes complicaciones. En otro experimento, una pareja de estos póngidos, para obtener la recompensa debía accionar cada uno de ellos, por separado y simultáneamente dos palancas; en este segundo caso los animales resolvieron también satisfactoriamente la prueba con escasos errores.

El tipo de cooperación a que nos hemos referido es el que J.C. Fady (1970) denomina relacional y es el único que, hasta hace muy pocos años, se atribuía a los primates superiores.

98

G. Teleki (1974) ha descubierto que los chimpancés de la estepa de Tanzania occidental saben cazar, y que llevan a cabo esta actividad mediante un complejo sistema cooperativo que J.C. Fady (1970), estudioso de esta temática en los animales, calificaría de cooperación instrumental y que considera exclusiva del género *Homo*. Los recientes estudios de este antropólogo británico de la Universidad de Cambridge obligan, una vez más, a un serio replanteamiento de toda la problemática inherente a la valoración de la conducta del chimpancé.

Según este autor, los referidos primates inician la cacería después de una opípara comida vegetal y nunca durante un período de excitación que podría haber sido provocado por interacciones intragrupales. El período de persecución de la presa suele ser muy laborioso y siempre se desarrolla en completo silencio; cuando se trata de lograr un animal que vive en manadas se intenta, primero, su separación del grupo; los cazadores se mantienen dentro de una gran área al objeto de evitar cualquier evasión y actúan siempre dentro de un contexto cooperativo que podría ser considerado como un eslabón intermedio entre la cacería cooperativa de los felinos o los cánidos y la caza compleja de los humanos.

Durante el decurso de la cacería no surgen conflictos entre animales y no parecen respetarse los estatus o rangos sociales; es muy interesante significar que, según este autor, las hembras no participan en la cacería pero siguen sus vicisitudes a distancia al objeto de poder beneficiarse de la posible distribución de carne; existe pues una incipiente división del trabajo similar a la que hallamos bien patentizada en los primitivos cazadores-recolectores humanos (bambuti-hazda, etc.) de África central y hasta en los primitivos agricultores (fang, bulu, etc.) de África occidental.

En el instante de la captura de la presa se produce una verdadera «explosión» de gritos que puede alertar a otros chimpancés a gran distancia.

Las técnicas de dar muerte son diversas: mordedura en el cuello, un fuerte golpe cogiendo el animal por las patas traseras y estrellándolo contra el suelo, etc. Una vez consumada la muerte de la presa, todos acuden reuniéndose alrededor del que tiene los restos; los dominantes arrancan, sin violencia, algunas extremidades del cadáver y se retiran con su porción. El que tiene el cadáver consume primero las vísceras, después la cabeza y el encéfalo que es extraído, con gran cuidado y mediante la ayuda de algún palito; el autor observó, en varias ocasiones, que los líquidos cerebrales eran obtenidos por empapación mediante hojas estrujadas al objeto de poder ser empleadas al igual que una esponja; la carne es consumida despacio, saboreándola y mezclándola con vegetales.

Pero de todo este complejo conductual lo más trascendental es, sin duda, el comportamiento inherente a la distribución de la presa. Teleki ha presenciado 182 episodios de reparto después de secuencias de predación o cacería. La posibilidad que tienen todos los componentes del grupo de lograr porciones de la presa explica la falta de agresividad observada durante esta actividad que es, potencialmente, muy conflictiva.

El mencionado autor afirma que los diversos componentes del grupo pueden participar de los beneficios de la cacería aplicando las siguientes pautas de comportamiento:

a) Extendiendo un brazo con la palma de la mano vuelta hacia arriba y tocando con la misma la barbilla o los labios del que posee la presa.

b) Tocando la porción de carne apetecida y mirando fijamente al dueño de la misma (véase figura 20).

c) Tocando la porción de carne profiriendo el gimoteo de «solicitud».

d) Mediante el intercambio con otros fragmentos.

e) Recogiendo los restos del suelo previa pauta de apaciguamiento ante los dominantes.

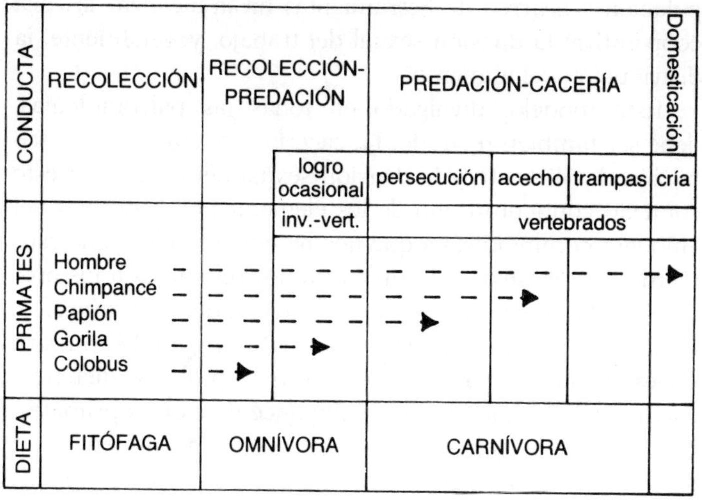

CONDUCTA	RECOLECCIÓN	RECOLECCIÓN-PREDACIÓN	PREDACIÓN-CACERÍA			Domesticación
		logro ocasional	persecución	acecho	trampas	cría
		inv.-vert.	vertebrados			
PRIMATES Hombre	—	— — —	— — —	— — —	— — —	— — →
Chimpancé	—	— — —	— — —	— — —	—→	
Papión	—	— — —	— — —	—→		
Gorila	—	— — —→				
Colobus	—	—→				
DIETA	FITÓFAGA	OMNÍVORA	CARNÍVORA			

FIGURA 18. Gráfica mostrando la situación comparada del hombre, del chimpancé y de otros primates superiores, en función de su conducta predatoria y dietética (según Teleki, modificado por el autor)

Sabemos que las hembras del chimpancé pigmeo o bonobo distribuyen los alimentos de origen vegetal entre los componentes de su grupo siguiendo un repertorio de pautas complejas.

Los estudios de este investigador obligan a un nuevo replanteamiento de la problemática que dimana de la conducta cooperativa del chimpancé a la luz de estas conductas que acabamos de analizar.

Los antropólogos y sociólogos han opinado que el proceso de hominización se ha gestado, en gran parte, en el complejo conductual-cooperativo que la caza impone y que éste ha situado lentamente al hombre y a sus ancestros en una posición única dentro del mundo animal. El camino recorrido sería, pues: la postura bípeda y consecuente liberación de las manos, lo que permite la fabricación, manipulación y acarreo de herramientas hasta alcanzar la caza cooperativa; la división sexual del trabajo, y, finalmente, la distribución del alimento.

Este modelo, divulgado en todas las paleontologías, debe ser también revisado. La cacería-cooperativa, la distribución de alimento y la división sexual del trabajo en este contexto configuran uno de los elementos constitutivos del «modelo hominoideo» a que nos hemos referido y que estimamos es decisivo en futuros estudios referentes a los procesos de hominización y al estatus actual del chimpancé.

Como conclusión a este apartado, la figura 18 muestra un esquema comparado referente a la posición dietética-conductual del hombre, del chimpancé y de otros primates. El hombre puede ser un simple recolector de alimentos vegetales, mayormente frutos, que logra sin causar lesión alguna a la naturaleza; también puede ser un recolector-predador de plantas, lesionando a la naturaleza, y un recolector ocasional de vertebrados e invertebrados que logra ocasionalmente, es decir, sin necesidad de conducta intencional. En cuanto a la obtención de vertebrados puede actuar por simple persecución, empleando estrategias de acecho, mediante trampas, y, actualmente, utilizando los animales domésticos.

El chimpancé es en todo igual al hombre, pero desconoce las trampas y la domesticación de los animales.

G.5. *Capacidad para mantener relaciones familiares estables y duraderas a nivel de madre-hijos-nietos*

La estructura social de los primates, al igual que la de casi todos los vertebrados, viene impuesta, principalmente, por el entorno ecológico (véase figura 17).

Las especies gregarias y euritópicas, es decir que tienen capacidad para explotar distintos nichos ecológicos, han de tener, también, una gran plasticidad social al objeto de poder adaptarse, en comunidad, a los distintos econichos que constituyen sus biotopos.

Los papiones que habitan la sabana africana abierta viven en grupos numerosos estructurados en unidades que se han definido como de «tipo piramidal cerrado». En éstas un macho dominante ocupa el vértice de la pirámide y el estrato inferior lo componen los ejemplares subadultos y juveniles; los niveles intermedios están organizados con dependencia de los superiores y dominio sobre los inferiores. Este modelo social, altamente eficaz en ambientes abiertos y con fuerte presión predatoria, permite que el grupo actúe al unísono con gran energía y sin fisuras; esta estructura es la típica de los papiones, los gelada, los hamadryas y los patas.

El gorila, especie con escasa plasticidad ecológica, conserva una estructura social similar a la de los primates de la sabana abierta, pero la escasa presión predatoria a que se halla sometido le permite disfrutar de una estructura social menos rígida posibilitando la salida y posterior reincorporación de elementos extraños o pertenecientes a la misma unidad social. Esta estructura ha sido denominada «piramidal abierta» por los biosociólogos especializados en primates.

Si los papiones ocupan uno de los extremos dentro de la gama de variabilidad social de los primates, los chimpancés ocupan el opuesto. La gran capacidad adaptativa de esta especie le ha permitido estructurarse en *grupos temporales* o *bandas* dentro de una organización social que los biosociólogos han calificado de sueltas (*loose*); no obstante, estas pequeñas unidades, nunca superiores a 10 individuos, que se dispersan o se aúnan en épocas determinadas constituyendo unidades mayores de hasta 70 individuos mantienen, entre sí, una cierta relación o contacto que viene dado por el parentesco biológico y por el hecho de explotar un espacio común a todos ellos, lo que facilita el contacto personal estimulando las afinidades tanto a nivel simplemente personal, al estilo humano, como las derivadas de la sexualidad (véase figura 17).

El concepto de territorio en el sentido clásico de espacio defendido no existe en los primates superiores, en cambio hallamos en los gorilas y chimpancés lo que los antropólogos anglosajones denominan *home range*, que podríamos traducir por «espacio económico» o «espacio trófico»; el «espacio económico» existe también en los cazadores-recolectores humanos actuales, y su estructura social y dinámica recuerda a la de los chimpancés de la sabana en el sentido de capacidad de fragmentación en pequeñas bandas llegando hasta la unidad madre-hijo o a la familia nuclear, según las estaciones, para poder explotar, con mejor aprovechamiento en las épocas de escasez, los distintos econichos que integran sus hábitats.

Toda la estructura social de los chimpancés está basada en una sola unidad social estable y de una extraordinaria perdurabilidad; se trata de la formada por el *bond* madre-hijos-nietos. La lactancia del chimpancé es muy larga y el hijo depende de la madre durante unos cinco años; si un pequeño queda en orfandad materna antes de alcanzar esta edad, casi seguro que le espera la muerte al faltarle el vínculo afectivo que dimana de esta relación con su progenitora; en algunas ocasiones el pequeño puede ser adoptado por una hermana mayor o por la abuela, en tal caso sus posibilidades de pervivencia aumentan notablemente. A los nueve años los hijos alcanzan la pubertad, entonces los machos, generalmente, se separan incorporándose a otra unidad social dentro del *home range* de la gran comunidad; las hembras, normalmente, permanecen con la madre formando unas pequeñas unidades familiares de hembras que Goodall denomina *nursing group*.

J. van Lawick-Goodall (1973) cita varios casos de hijos que, separados de la unidad matriarcal, han acudido a visitar a su madre después de varios meses y hasta años de ausencia.

En este tipo de sociedad donde la unidad nuclear es la formada por la madre-hijos-nietos y donde los demás inte-

FIGURA 19. Entre los chimpancés las fricciones entre individuos se suavizan mediante contactos de las manos, abrazos, besos y sesiones de espulgamiento

grantes de la banda tienen una permanencia temporal en la misma, la existencia de un líder sólo puede explicarse en función de una actividad determinada y en un momento concreto. Es necesario enfatizar, una vez más, la originalidad de la sociedad chimpancé, especialmente en lo que concierne a su carácter amistoso y cooperativo, donde las fricciones entre los individuos se suavizan mediante una sofisticada conducta de apaciguamiento que consiste en contactos manuales (figura 19), abrazos, besos en la cara, espulgamientos, y, en el chimpancé pigmeo, en masturbaciones entre machos y frotamientos de los órganos sexuales entre hembras, *genital rubbing* (T. Kano, 1990).

V. Reynolds (1966) estima que una sociedad tan permisiva, abierta y regulada como la de los chimpancés de saba-

FIGURA 20. Después de una cacería, el chimpancé puede participar en la distribución de la presa tocando una porción de la carne apetecida y mirando fijamente al dueño de la misma

na, sólo puede existir si sus componentes disponen de una gran capacidad de identificación y tienen mucha memoria.

La pervivencia del vínculo madre-hijos-nietos durante toda la vida explica la continuidad cultural y relacional de que hacen gala los chimpancés, y también la liberación del imperativo que supone para sus componentes la estructura piramidal que no permite la independencia de sus individuos (Y. Sugiyama, 1973).

G.6. *Capacidad para mantener relaciones sexuales no promiscuas. Evitación del incesto primario*

La problemática inherente al paso de la promiscuidad sexual animal a la organización sexual humana ha interesado extraordinariamente a los antropólogos, a los sociólogos y a los psicólogos desde principios de siglo.

K. Imanishi (1965) ha estudiado la evitación del incesto en las macacas japonesas (*Macaca fuscata*) y D.S. Sade (1965) en los monos resus (*Macaca mulatta*) de la reserva de Cayo Santiago en el Caribe. Según este último autor, de 363 copulaciones observadas en esta especie durante su estudio, solamente 5 de ellas fueron entre madre e hijo; los antropólogos estiman que la explicación de esta conducta hay que buscarla en la relación de dominancia que existe entre la madre y el hijo como resultado de los vínculos de dependencia que establece el pequeño con su madre y ésta de dominancia hacia su hijo.

Los estudios de conducta animal han descubierto en todos los etogramas referentes a la parada nupcial de las aves y en las maniobras precopulatorias de los mamíferos, y muy concretamente en las inherentes a los primates, un componente agresivo que parece ser totalmente necesario en la consumación de la cópula; al existir un vínculo de dominio en la relación madre e hijo este componente no puede patentizarse, y, en consecuencia, el acto sexual no es posible, al faltar un elemento esencial de la secuencia, un eslabón de la cadena conductual.

En cuanto a las copulaciones hermano-hermana entre primates, E.A. Missakian (1973), que ha estudiado durante varios años la conducta social de distintas especies de primates cercopitecoideos, estima que la falta de motivación sexual que el estro de la madre despierta en el hijo púber y la familiaridad existente entre hermanos, incitan al joven macho a separarse del núcleo materno al objeto de buscar nuevas motivaciones, lo que disminuye, en consecuencia, los riesgos de incesto a nivel de hermanos.

En cambio, la relación del padre con sus hijas es totalmente inevitable si existe proximidad, en todas las sociedades animales donde el progenitor es, casi siempre, un desconocido en los procesos de socialización de los hijos.

En cuanto a esta problemática en los chimpancés, son los antropólogos japoneses quienes se han interesado más por esta conducta. J. Itani (1973) opina que entre los chimpancés el incesto entre madre e hijo es prácticamente inexistente, y en cuanto a entre hermanos también es muy raro, toda vez que los ejemplares jóvenes dejan la familia nuclear para emigrar a un área intermedia, a caballo entre dos *home range*, zona que el referido autor denomina *home range of mating* o área de acoplamientos; en ella, y llevando inicialmente una vida solitaria o periférica, tienen la posibilidad de estructurar nuevas unidades sexuales entre jóvenes y expulsados de los grupos, que serán el origen, dinámico, de futuros núcleos familiares.

Estos mecanismos dinámico-conductuales que se encaminan a evitar un empobrecimiento del «pool genético» del grupo en las especies inferiores, en las más evolucionadas coadyuvan también a enriquecerlo, mediante el aporte de elementos culturales que pueden ser conocidos de los periféricos de otras unidades sociales, como en el caso concreto del chimpancé y del hombre primitivo, cazador-recolector, que vive en bandas o grupos nómadas en amplios «espacios tróficos».

La evitación del incesto parece tener pues un origen biológico que si bien se inicia en los primates tiene una expresión bastante definida en los chimpancés y se sublima, por la cultura, en el hombre.

G.7. *Capacidad estética*

Darwin y Wallace, padres del evolucionismo, ya insinuaron que los animales no eran insensibles a la estética; sus argumentos se basaban en la perfección y belleza de algunos nidos de pájaros y también en el interés que algunas especies ponen en su posterior decoración con objetos brillantes y de vistosos colores.

B. Rensch (1973) llevó a cabo varios experimentos para comprobar si los monos *Cebus apella* tenían alguna preferencia por las formas rítmicas y simétricas; los mismos

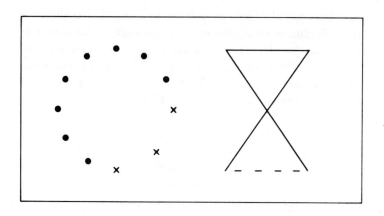

Figura 21. Los chimpancés están capacitados para completar figuras inconclusas como las de esta gráfica

confirmaron que esta especie prefiere estas formas a las irregulares y asimétricas.

En los estudios que referente a esta misma temática ha llevado a cabo D. Morris (1958) con chimpancés, esta predisposición se confirmó plenamente. Si se trata de una prueba libre consistente en rellenar con rayas de un solo color una hoja de papel, el animal empieza siempre el garrapateo por el centro y va extendiendo la acción por ambos lados, armónicamente, buscando siempre un equilibrio de balances; en algunos casos, movido por una intensa motivación, llega a rayar toda la hoja de manera uniforme al igual que podría hacerlo un niño.

En otras pruebas de tipo gestáltico, P.H. Schiller (1951) ha intentado estudiar la capacidad que tienen estos póngidos para completar figuras inconclusas como las de la figura 21. Los resultados han sido, generalmente, satisfactorios, patentizándose el sentido de ordenación de la percepción tal como postula la psicología de la gestalt.

En el Parque Zoológico de Barcelona llevamos a cabo

experimentos al objeto de valorar la capacidad estética de los chimpancés mediante pruebas similares a las que acabamos de describir. Los resultados obtenidos parecen confirmar la existencia, en esta especie, de una planificación en el balance de masas a la derecha y a la izquierda del dibujo, tal como vienen postulando los estudiosos de esta temática.

D. Morris (1958) ha sometido también unos chimpancés a ciertas pruebas para conocer sus preferencias cromáticas, llegando a la conclusión de que prefieren los colores primarios a los mezclados, los brillantes a los apagados, y, en el caso de existir la posibilidad de usar diversos colores, prefieren los que producen más contraste.

En un estudio que realizamos en Mbini (antes Río Muni, República de Guinea Ecuatorial) encaminado a valorar las preferencias dietéticas de los chimpancés en la naturaleza, comprobamos que estos primates prefieren los frutos de color rojo brillante, le siguen los de color amarillo intenso, y, finalmente, los que tienen una coloración anaranjada; ello, naturalmente, sin valorar su apetencia organoléptica.

También es perfectamente conocido el ritmo con que estos antropoides golpean los contrafuertes de los árboles de la selva durante sus despliegues intimidatorios; éste configura una cadencia sonora que conjuga con las secuencias dinámicas inherentes a este comportamiento.

B. Rensch (1973) concluye que, después del hombre, el chimpancé es el primate que tiene más capacidad estética; insiste en que ésta podría tener un origen muy remoto dentro del acervo genético de la superfamilia de los hominoideos. Sus elementos constitutivos básicos según el mencionado autor, serían los siguientes:

a) Preferencia por las formas simétricas y rítmicas.

b) Tendencia a centralizar los grafismos o pinceladas.

c) Tendencia a buscar el equilibrio entre varias manchas alrededor de un eje central.

d) Preferencia por los colores primarios.

e) Capacidad para completar algunas figuras inacabadas muy simples.

H. **Análisis psicológico del uso y fabricación de herramientas por el chimpancé en la naturaleza**

Las manos de los primates están perfectamente adaptadas a la manipulación y al transporte de objetos; en algunas especies sus dedos guardan entre sí las mismas proporciones que las de los papiones, geladas, macacos, cebus y cercopitécidos, lo que permite poder seleccionar, con gran finura, pequeños alimentos del suelo (semillas, raíces, insectos, etc.) necesarios para su dieta. Estas especies, no obstante la capacidad que les concede su morfología, no saben emplear herramientas en estado natural.

Las manos del chimpancé difieren de las de estos primates que acabamos de mencionar por tener los dedos más largos y el pulgar sensiblemente reducido. Esta desproporción, no obstante, no supone ninguna limitación a la realización del *precisión grip* por estos póngidos; se trata de una habilidad totalmente necesaria para el posible uso efectivo de herramientas en actividades que requieren un cierto nivel de precisión.

El chimpancé, tanto en estado natural como en cautividad, manipula constantemente todo cuanto se halla a su alcance: compañeros, objetos, líquidos, su propio cuerpo, etc. Esta actividad exploratoria, que consta de un importante componente sensorial de tipo táctil, ha sido denominada por algunos psicólogos «erotismo de las manos»; algunos especialistas sugieren que a partir de esta capacidad innata podría haber surgido, como conducta adaptativa o de supervivencia, el comportamiento referente al uso y fabricación de herramientas.

En la naturaleza los chimpancés tienen muchas posibi

lidades de entrar en contacto con los termiteros; primero juegan con ellos, posteriormente, manipulándolos mediante ramas pueden llegar a escarbar una entrada, y, finalmente, una vez localizada una abertura practicable, introducen en la misma un palito, paja o brizna. El animal familiarizado con las termitas desde su más tierna infancia y también con la conducta alimenticia de sus congéneres, como los insectos que seguramente se han agarrado de forma accidental a su esbozo de herramienta después de insertarla, en una secuencia de juego, en la abertura del territorio.

P.H. Schiller (1952) opina que esta conducta se inicia siempre durante la niñez y en contextos lúdicos. Una de las observaciones que realizamos en Río Muni y que hemos reseñado en este trabajo corrobora esta opinión.

Posteriormente, el chimpancé puede transferir estos conocimientos a otros contextos, lo que provoca la generalización conductual de este aprendizaje. Según J.M. Warren (1974) el chimpancé, y quizás todos los póngidos, son los únicos mamíferos que tienen una alta capacidad de transferencia y abstracción, lo que permite la generalización de sus adquisiciones comportamentales.

Todas las escuelas psicológicas han estudiado esta problemática que interesa, también, al proceso evolutivo humano y que, como hemos visto, se apoya en una sólida base biológica.

Según C.L. Darby y A.J. Riopelle (1959) los chimpancés, al igual que los humanos, pueden adquirir algunos aprendizajes mediante la simple observación. En el Zoo barcelonés hemos tenido diversas oportunidades de verificar, en pruebas experimentales de aprendizaje, esta aseveración.

En estado natural los chimpancés tienen la posibilidad de observar, reiteradamente, la conducta manipulativa de los adultos. J. van Lawick-Goodall (1970) se refiere a jóvenes chimpancés observando atentamente el comportamiento instrumental de los adultos, y luego a la posterior manipulación, imperfecta, que llevaban a cabo con los artefactos que éstos habían abandonado.

H.F. Harlow y M.K. Harlow (1949) opinan que el chimpancé, al igual que los humanos, va adquiriendo su maestría en el uso de instrumentos de manera paulatina y mediante un sistema de ensayo y error que se inicia en la niñez cuando el animal empieza a manipular simples objetos naturales en un contexto conductual lúdico, y desechan la opinión de los psicólogos de la gestalt que sostienen que la resolución del problema que entraña el aprendizaje se verifica por discernimiento repentino o *insight*.

Los psicólogos alemanes gestaltistas son los que han estudiado con más profundidad la conducta instrumental del chimpancé en situaciones de cautividad, y han estimado que ésta configura uno de los casos más fehacientes de solución de problemas por discernimiento. Según estos psicólogos, los fenómenos graduales que caracterizan la comprensión repentina o súbita en un contexto de solución de problemas son los siguientes:

1) La repentinidad en oposición a la fenoménica de los sistemas de ensayo y error o de condicionamiento que actúan por acumulación sucesiva, y, generalmente irregular; el chimpancé después de un ligero titubeo descubre la relación estructural que existe entre su mano, la herramienta potencial y el objeto que pretende lograr.

2) La suavidad en oposición a la compulsión o sobresaltos; según los gestaltistas el animal opera con suavidad debido a la acción de fuerzas constantes, si bien variables, que le imprimen un movimiento seguro y sin sobresaltos. Las observaciones realizadas en animales cautivos confirman, en cierta manera, este postulado.

3) El momento de la secuencia conductual en que se soluciona el problema. En una situación de ensayo y error la solución del problema viene dada después de la acción mientras que en las de discernimiento, como en las de empleo de

herramientas por los chimpancés, la prefiguración de la solución precede a la conducta que resolverá el problema.

4) La novedad de la solución es uno de los puntos más débiles en que se apoya esta fenoménica, toda vez que estas situaciones no son generalmente novedosas ya que, como hemos visto anteriormente, los animales han tenido múltiples experiencias anteriores con herramientas en situaciones similares.

W. Köhler (1925), psicólogo gestaltista que estudió con gran cuidado esta problemática en una colonia experimental de chimpancés que tenía en la isla de Tenerife durante la Primera Guerra Mundial, estima que las secuencias conductuales de esta situación se desarrollan de la manera siguiente: primero el chimpancé intenta acercarse a la meta mediante un movimiento locomotor directo que no viene establecido por ningún aprendizaje previo; si el camino hacia la meta se halla bloqueado la tensión se incrementa; según el autor la fuerza del campo psicológico es directamente proporcional a la motivación y al valor del objeto-fin; seguidamente el animal intenta buscar una solución a esta problemática motivacional, tiene que entrar en contacto con el objeto de alguna manera; si no puede alcanzar el objetivo puede optar por tirar las herramientas contra el mismo.

La intensa motivación a que han desembocado todas estas secuencias descritas le producen una profunda desazón, el animal intenta tranquilizarse buscando la manera de reducir la tensión, lo que logra mediante la reorganización súbita del campo psicológico, el hallazgo por discernimiento súbito del buen camino hacia la meta, es decir el *insight*, ideación o penetración según Köhler. Insiste este autor en que la ideación sólo es posible cuando la motivación ha cedido, lo que permite disponer de la clarividencia necesaria para hallar la solución al problema.

H.F. Khroustov (1964) sometió a un chimpancé a una

prueba que consistía en tener que utilizar una herramienta para poder fabricar otra herramienta necesaria para el logro de una meta, y el animal superó esta prueba con resultados satisfactorios.

Algunos de los bastones estudiados por el autor en las montañas de Okorobikó, mostraban extremidades en forma de escoba que patentizaban el uso de una herramienta para elaborar otra herramienta.

Según los psicólogos de la gestalt estas conductas instrumentales definen actos de verdadera inteligencia.

Si bien los argumentos de la psicología de la gestalt referentes a esta problemática son interesantes y bien estructurados, algunas de sus observaciones son inconsistentes; cuando W. Köhler (1925) afirma, por ejemplo, que la herramienta potencial no será concebida como tal hasta el momento en que por hallarse cerca de la meta contribuye a dar una nueva configuración al campo, podemos asegurar que ello no es cierto, toda vez que el chimpancé puede desplazar sus herramientas desde gran distancia, por lo que sus estructuras cognitivas no surgen forzosamente de la situación inmediata.

Después de la síntesis psicológica que acabamos de exponer, estimamos que el chimpancé aprende a fabricar y usar herramientas naturales mediante un lento y complejo proceso que se inicia en la infancia y tiene una importante base morfológica e innata; posteriormente, por simple imitación, también por un proceso lento de ensayo y error y por discernimiento repentino o *insight*, el animal llega a culminar esta conducta instrumental que puede llegar, según Khroustov, a la capacidad de fabricar herramientas mediante herramientas.

RESUMEN Y CONCLUSIONES

En este libro hemos intentado presentar, a la luz de las más recientes investigaciones, un esquema general de la posición actual del chimpancé dentro del *continuum* biológico en función de sus aspectos biológicos y conductuales más importantes.

El chimpancé, al igual que el hombre, es una especie euritópica, es decir con capacidad para vivir en biotopos muy diversificados; las distintas subespecies que integran este género se distribuyen por el África ecuatorial y tropical, mayormente en las zonas ocupadas por el bosque primario denso, la selva secundaria y las galerías forestales abiertas dentro de la sabana húmeda.

Es muy importante la conducta de las poblaciones de esta especie que viven en las sabanas-parque; la mayor riqueza de estímulos ambientales que dimanan de estos ecosistemas han provocado en estos animales un repertorio conductual mucho más rico, o, quizás, se han limitado a preservar una conducta que formaba parte del acervo comportamental de esta especie desde el Plioceno.

Hemos visto que algunos invertebrados, varias especies

de aves, una de mamíferos no primates y dos de primates no póngidos saben usar, en estado natural, algunos objetos como herramientas; opino que se trata de posibles estereotipias en las que los animales, seguramente, no pueden establecer una relación comprensiva entre el objeto y el fin propuesto.

Los chimpancés, en cambio, tienen capacidad para establecer esta relación y hasta para que ciertos aprendizajes adquiridos por algunos ejemplares puedan difundirse y perpetuarse entre algunas poblaciones. Si bien son varias las especies que comparten esta capacidad, los chimpancés, después del hombre, ocupan en este sentido la posición más preeminente, ya que sus «paraculturas, infraculturas, subculturas o culturas elementales» para no ofender al antropocentrismo humano son complejas, bien establecidas y generalizadas entre las distintas poblaciones.

De lo expuesto parece patentizarse que varias poblaciones de chimpancés del África occidental, pertenecientes a la subespecie *Pan troglodytes verus*, conocen el uso de piedras para romper el hueso de algunos frutos silvestres y también para desbastar el pericarpo de otros. Podemos insinuar, pues, un área cultural del chimpancé de las piedras que ocuparía parte de Costa de Marfil, Liberia, Malí y Senegal.

En cuanto al África centro-occidental, en la subespecie *Pan troglodytes troglodytes*, no obstante la escasa información disponible, parece manifestarse una cultura que podríamos denominar de los bastones y cuya área de dispersión comprendería a Río Muni, sur Camerún y norte Gabón.

La última región incluye el área más conocida. Está ocupada por la subespecie *Pan troglodytes schweinfurthi*; su característica más notable es el empleo de hojas para la fabricación de herramientas elementales. También es significativa de la misma la técnica para obtener termitas, que se conoce con el nombre de «pesca» de estos insectos.

Las capacidades cognitivas de esta especie pueden explicarse por la cronología de su filogénesis dentro de la superfamilia de los hominoideos; ésta, como hemos visto anteriormente, se estructura en sólidas argumentaciones paleontológicas, bioquímicas y genéticas.

El chimpancé podría ser una forma conservadora que retendría varias de las facies conductuales de los hominoideos, siendo el hombre la forma más divergente de este tronco filético. El conjunto de las capacidades conductuales básicas del chimpancé, también compartidas por el hombre, podrían configurar un esquema conductual cuyos elementos integrantes podrían ser los siguientes:

1) Capacidad para el conocimiento del esquema corporal. Noción de la muerte.

2) Capacidad comunicativa a nivel emocional, proposicional y simbólico.

3) Capacidad para el uso y fabricación de simples herramientas.

4) Capacidad para la actividad cooperativa. Caza y distribución de alimentos entre adultos.

5) Capacidad para mantener relaciones familiares estables y duraderas a nivel de madre-hijos-nietos.

6) Capacidad para mantener relaciones sexuales no promiscuas. Evitación del incesto primario.

7) Capacidad estética.

Respecto al análisis psicológico del uso de herramientas por el chimpancé, hemos revisado la opinión de las diversas escuelas que de alguna manera se han interesado por esta problemática. Los gestaltistas son quienes han llevado a cabo el análisis más minucioso de esta situación, pero, excesivamente teóricos, minimizan la importancia que debemos conceder al aprendizaje por simple observación y al por ensayo y error; en este contexto, opinamos que el verdadero camino debemos hallarlo en un ponderado relativismo entre estas tres tendencias principales.

Ciertamente que este esquema tiene muchos detractores, especialmente en los campos de la antropología filosófica, la psicología y, muy especialmente, en el de la paleontología humana, por la gran trascendencia que conlleva cualquier modificación en la cronología de la separación de la familia de los póngidos de la de los homínidos (Le Gros-Clark, 1964), toda vez que la delimitación del fino lindero entre hombres y no hombres será siempre problemática y altamente cargada de emoción.

Referente a esta cuestión es interesante indicar que los pueblos primitivos que más contacto han tenido con los chimpancés, los pigmeos de la «termopluvisilva» del África occidental (gieli, bambuti, babinga, etc.), cuando se refieren a interacciones de cualquier tipo de monos emplean las mismas palabras que cuando se refieren a interacciones con los humanos de otras etnias; es una buena demostración de que conocen su conducta humanoide, y que para ellos este sutil lindero entre hombres y no hombres es muy tenue y su conducta los hermana, de alguna manera, con nosotros.

Nuestro conocimiento de estos animales y participación en algunas de las investigaciones a que nos hemos referido pueden justificar, si cabe, el posible apasionamiento que traslucen algunos de los capítulos; la ciencia requiere también optimismo, imaginación y valentía, por lo que rogamos que ello sirva de disculpa y justificación.

BIBLIOGRAFÍA

BEATTY, H. (1951), «A note on the behavior of the chimpanzees», *J. Mammal*, 32, 118.

BECK, B. (1975), «Primate tool behaviour», en H. Tuttle (ed.), *Socioecology and psychology of primates*, La Haya, Mouton.

— (1984) «Possibles causes of sex differences in the use of natural hammers by wild chimpanzees», *J. of Human Evol.*, 13, 415-440.

BERMEJO, M., ILLERA, G. y SABATER PI, J. (1989), «New Observations on the tool behavior of the chimpanzees from Mt. Assirik (Senegal, West Africa)», *Primates*, 30, 65-73.

BOESCH, C. (1978), «Nouvelles observations sur les chimpancés de la forêt de Tai (Côte d'Ivore)», *La Terre et la Vie*, 32, 195-205.

— y BOESCH, H. (1981), «Sex differences in the use of natural hammers by wild chimpanzees; preliminary report», *J. of Human Evol.*, 10, 585-593.

— y BOESCH, H. (1983), «Optimisation of nut-cracking with natural hammers by wild chimpanzees», *Behaviour*, 83 (3-4), 265-286.

— y BOESCH, H. (1984), «Possibles causes of sex differences in the use of natural hammers by wild chimpanzees», *J. of Human Evol.*, 13, 415-440.

BOURNONVILLE, D. (1967), «Contribution à l'étude du chimpanzé en République de Guinée», *Bull. Inst. Fran. Afr. Noire*, XXIX, A, 3, 1.188-1.269.

BOWMAN, R.I. (1961), «Morfological adaptations and differentiation in the Galapagos finches», *Univ. Calif. Berkeley, Public. Zool.*, 58, 1-326.

BRONOWSKI, J.S. y BELLUGI, U. (1970), «Language, name and concept», *Science*, 168, 669-673.

CLARK, J.D. (1970), *The prehistory of Africa*, Nueva York, Praeger Publishers.

COOLIDGE, H.F. (1933), *«Pan paniscus*. Pygmy chimpanzees from South of the Congo river», *Amer. Journ. Phys. Anthro.*, XVIII, 1.

CRAWFORD, M.P. (1936), «Further study of cooperative behavior in chimpanzees», *Psychol. Bull.*, 38, 809.

CHOMSKY, N. (1970), «The general properties of language», en Darley, *Brain mechanisms underlying speech and language*, Nueva York, Grune and Stratton, 73-88.

DARBY, C.L. y RIOPELLE, A.J. (1959), «Observational learning in the rhesus monkcy», *J. Comp. Physiol. Psychol.*, 52, 94-98.

DUPUY, A.R. (1970), «Sur la limite du chimpanzé dans les limites du Parc National de Niokolo-Koba (Senegal)», *Bull. Inst. Fran. Afr. Noire*, XXXII, A, 4, 1.090-1.099.

EGOZCUE, J. (1973), «Los gorilas, parientes lejanos del hombre», *Revista Zoo*, 17, 9-10 y 18, 15-16.

EIBL EIBESFELDT, I. (1974), *Etología*, Barcelona, Omega.

FADY, J.C. (1970), «Cooperation et communication chez les primates», *Rev. Comp. Animal*, 4, 41-49.

GALLUP, G.G. (1970), «Chimpanzees: self-recognition», *Science*, 167, 86-87.

— y MCCLURE, M. (1971), «Capacity for self-recognition in differentially reared chimpanzees», *The Psych. Record*, 21, 69-74.

GARDNER, R.A. y GARDNER, B.T. (1969), «Teaching sing-language to a chimpanzee», *Science*, 165, 664-672.

— (1970), *Development of behavior in a young chimpanzee*, University of Nevada, Department of Psychology.

— (1971), «Two way communication with an infant chimpanzee», en A. Schrier y F. Stollnitz (ed.), *Behavior of nonhuman primates*, vol. 4, Nueva York, Academic Press, 117-183.

GOODALL, J. (1964), «Tool-using and aimed throwing in a comunity of free-living chimpanzees», *Nature*, 201, 1.264-1.266.

GOODMAN, M. (1962), «Evolution of the immulogical species, specifity of human serum proteins», *Human Biol.*, 34, 104-150.

HALL, K.R.L. y SCHALLER, G. (1964), «Tool-using behavior of the California sea otter», *J. Mamm.*, 45, 287-289.

HAMILTON, W.J. (1975), «Defensive stoning by baboons», *Nature*, 256, 488-489.

HARLOW, H.F. y HARLOW, M.K. (1949), «Learning to think», *Scientific American*, 19, 125-128.

HEWES, G.W. (1961), «Food transport and the origin of hominid bipedalism», *Amer. Anthrop.*, 63, 687-710.

— (1971), «New ligth on the gestural origin of language», en Hewes (ed.), *Language origins*, Colorado, Boulder.

HLADIK, C.M. (1977), «Chimpanzees of Gabon and Chimpanzees of Gombe: some comparative data on the diet», en *Primate ecology*, Londres, Academic Press.

IMANISHI, K. (1965), «The origin of the human family. A primatological approach», en Imanishi y Altmann (eds.), *Japanese monkeys*, Edmonton, The Publisher.

ITANI, J. (1973), «A preliminary essay on the relationship betwen social organization and incest avoidance in nonhuman primates», *Primates*, 18, 165-170.

— y IZAWA, K. (1966), «Chimpanzees in Kasakati Basin (Tanzania)», *Kyoto Univ. Afr. Stud.*, 1.

JAY, P. (1968), «Primate field studies and human evolution», en P. Jay (ed.), *Primates*, Chicago, Rinehardt and Winston, 487-519.

JONES, C. y SABATER PI, J. (1969), «Sticks used by chimpanzees in Rio Muni, West Africa», *Nature*, 223, 100-101.

— (1971), *Comparative ecology of* Gorilla gorilla *and* Pan troglodytes *in Rio Muni, West Africa*, Basilea, Karger.

KANO, T. (1990), «The bonobos' Peaceable Kingdom», *Natural History* (N.Y.), 11, 62-71.

KAUFMAN, J. (1962), «Ecology and social behavior of the coati, *Nasua narica*, on Barro Colorado Island, Panama», *Univ. of California Publ. in Zoology*, 60, 95-222.

KAWAMURA, S. (1954), «On a new type of feeding habit wich developed in a group of wild japanese macaque», *Seibutsu Shinka* (1), 2.

KHROUSTOV, H.F. (1964), «Formation and highest frontier of the implemental activity of anthropoids», 7th Inter. Con. Anthrop. Ethn. Science Moscow, citado por Tobias.

KING, M.C. y WILSON, A.C. (1967), «Evolution at two levels in humans and chimpanzee», *Science*, 188, 107-116.

KÖHLER, W. (1925), *The mentality of apes*, Nueva York, Harcourt Brace.

KORTLANDT, A. (1965), *Some results of a pilot study on chimpanzee ecology*, Amsterdam Zool. Laborat.

— (1967), «Experimentation with chimpanzees in the wild», en *Progress in primat.*, Stuttgart, Fischer, 208-224.

— (1972), *New perspectives on ape and human evolution*, Depart. of Animal Psychol. and Ethol., University of Amsterdam.

— y KOOIJ, M. (1963), «Protohominid behavior in primates», en *The primates*, Napier (ed.), *Symp. Zool. Soc. London*, 10, Londres, Academic Press, 61-88.

— y VAN ZON, J.C. (1969), «The present state of research on the dehumanization hypothesis of African ape evolution», Proc. 2nd Int. Cong. Primat. Atlanta, Basel, Karger, 10-13.

KUMMER, H. (1971), *Primates societies*, Chicago, Aldine Atherton.

LeGROS-CLARK, W.E. (1964), *The fossil evidence for human evolution*, Chicago, University of Chicago Press.

LENNEBERG, E.H. (1964), *Biological foundations of language*, Nueva York, John Wiley and Sons.

MARGALEF, R. (1974), *Ecología*, Barcelona, Omega.

MARSHACK, A. (1972), «Upper Paleolithic notation and symbol», *Science*, 178, 817-828.

McGREW, W.C. (1974), «Tool use by wild chimpanzees in feeding upon driver ants», *J. Human Evol.*, 3, 501-508.

MERFIELD, F.G. y MILLER, H. (1956), *Gorilas were my neighbours*, Londres, Longmans.

MISSAKIAN, E.A. (1973), «Genealogical mating activity in free-ranging groups of rhesus monkeys (*Macaca mulatta*) in Cayo Santiago», *Behavior*, 45, 225-241.

MORRIS, D. (1958), «Pictures by chimpanzees», *New Scientist*, 4, 609-611.

MOUNIN, G. (1976), «Language, communication, chimpanzees», *Current Anthropology*, 17, 1-17.

NAPIER, J.R. (1962), «The evolution of the hand in human variations and origins», *Scientific American*, 14, 155-161.

— y NAPIER, P.H. (1967), *A handbook of living primates*, Nueva York, Academic Press.

NISHIDA, T. (1972), «The ant-gathering behavior by the use of tools among wild chimpanzees of the Mahali Mountains», *J. Human Evol.*, 2, 357-370.

NISSEN, H.W. (1931), «A field study of the chimpanzee», *Comparative Psychology Monographs*, vol. 8, n.º 1, Series 36, Baltimore, The John Hopkins Press.

OSMAN HILL, W.C. (1969), «The nomenclature, taxonomy and distribution of chimpanzee», *Chimpanzee*, 1, 22-49.

PATTERSON, F.G. (1978), «The gestures of a gorilla. Language acquisition in another pongid», *Brain and Language*, 5, 72-97.

PICKFORD, M. (1975), «Stoning by baboons», *Nature*, 258, 550.

PILBEAM, D. (1972), *The ascent of man. An introduction to human evolution*, Nueva York, MacMillan.

PREMACK, D. (1969), «The education of Sarah a chimpanzee», *Psychology Today*, 4, 55-58.

— (1970), «A functional analysis of language», *Journal of the Experimental Analysis of Behavior*, 14, 107-125.

— (1972), «Teaching language to an ape», *Scientific American*, 227, 92-99.

RAHM, U. (1971), «L'emploi d'outils par les chimpanzés de l'ouest de la Côte-D'Ivoire», *La Terre et la Vie*, 25, 506-509.

RENSCH, B. (1973), «Play and art in apes and monkeys», en *Symp. IVth Congr. Primat.*, vol. I, *Precultural Primate Behav.*, Basel, Karger, 102-123.

REYNOLDS, V. (1966), «Open groups in hominid evolution», *Man*, 4, 441-452.

— y REYNOLDS, F. (1965), *Chimpanzees of the Budongo Forest in primate behavior*, Nueva York, Holth, Rinehart and Winston.

RIJKSEN, H.D. (1977), *A field study on Sumatran orangutans. Ecology, behavior and conservation* (Ph. D. thesis), Wageningen, Veennam & Zonen B.V.

RUMBAUGH, D.M. y GILL, T.V. (1976), «Language and acquisition of the language skills by chimpanzees *(Pan)*», *Annals of the New York Academy of Sciences*, 70, 90-123.

SABATER PI, J. (1972), «Bastones fabricados y usados por los chimpancés de las montañas de Okorobikó (Río Muni), Rep. Guinea Ecuatorial», *Ethnica, Revista de Antropología*, 4, 191-199.

— y GROVES C.P. (1972), «The importance of the higher primates in the diet of the fang of Río Muni», *Man*, 7, 239-243.

— (1974), «An elementary industry of the chimpanzees in the Okorobikó mountains, Río Muni (Republic of Equatorial Guinea) West Africa», *Primates*, 15 (4), 351-364.

— (1974a), «Protoculturas materiales e industrias elementales de los chimpancés en la naturaleza», *Ethnica, Revista de Antropología*, 7, 69-74.

— (1984), *Gorilas y chimpancés del África occidental*, México, Fondo de Cultura Económica.

SADE, D.S. (1965), «Some aspects of parents-offs-prings and sibling relations in a group of rhesus monkeys with a discussion of grooming», *Amer. Journ. Phys. Anth.*, 23 (1), 1-17.

SARICH, M.C. y WILSON, A.C. (1967), «Immulogical time scale for hominid evolution», *Science*, 158, 1.200-1.202.

SCHILLER, P.H. (1951), «Figural preferences in the drawing of a chimpanzee», *J. Comp. Physiol. Psychol.*, 44, 101-111.

— (1952), «Innate constituents of complex responses in primates», *Psychol. Rev.*, 59, 177-191.

SCHULTZ, A. (1966), «Changing views on the nature and interrelations of the primates», *Yerkes Newsletter*, 3, 15-29.

STRUHSAKER, T. y HUNKELER, P. (1971), «Evidence of tool-using by chimpanzees in the Ivory Coast», *Folia Primat.*, 15, 212-219.

SUGIYAMA, Y. (1969), «Social behavior of chimpanzees in the Budongo Forest, Uganda», *Primates*, 9, 197-225.

— (1973), «The social structure of wild chimpanzees», en *Comparative ecolog. and behav. of primat.*, J.H. Crook (ed.), Londres, Academic Press, 375-410.

— (1985), «The Brush-stick of chimpanzees found in South-west Cameroon and their cultural characteristics», *Primates*, 26 (4), 361-374.

SUZUKI, A. (1969), «On the insect-eating habits among wild chimpanzees living in the savanna wooldlands of the Western Tanzania», *Primates*, 7, 481-487.

TELEKI, G. (1973), «Group response to the accidental death of a chimpanzee in Gombe National Park, Tanzania», *Folia Primat.*, 20, 81-94.

— (1974), «Primate subsistence patterns: collector-predators and gatherer-hunters», *J. Human Evol.*, 4, 125-184.

TOBIAS, P. (1965), «*Australopithecus, Homo habilis*, tool using and tool-making», *South Afr. Archaelog. Bull.*, 20, 167-192.

TYLOR, E.B. (1971), *Primitive culture. Researches into the development of mythology, philosophy, religion, language, art and custom*, Londres, Murray.

VAN HOOFF, J.R. (1971), *Aspects of the social behavior and communication in human and higher non-human primates* (Ph. D. thesis), University Utrecht.

VAN LAWICK-GOODALL, J. (1970), «Tool-using in primates and other vertebrates», Londres, Academic Press, 195-249.

— (1973), «The behavior of chimpanzees in their natural habitat», *American Psychiatric Association*, 130, 1-12.

— y VAN LAWICK, H. (1966), «Use of tools by the Egyptian vulture», *Nature*, 212, 1.468-1.469.

VEA, J.J. y CLEMENTE, I. (1988), «Conducta instrumental del chimpancé (*Pan troglodytes*) en su habitat natural», *Anuario de Psicología*, 39, 31-66.

WARREN, J.M. (1974), «Possible unique caracteristics of learning by primates», *J. Hum. Evol.*, 3, 445-454.

YERKES, R. y YERKES, A.W. (1929), *The great apes*, Yale University Press.

ÍNDICE ALFABÉTICO

129

135

ÍNDICE GENERAL

141